DU TRAVAIL

DES BOISSONS

OU CE QUI EST

PERMIS OU DÉFENDU

DANS LA MANIPULATION DES VINS, ALCOOLS
EAUX-DE-VIE, BIÈRES, CIDRES
ABSINTHES, EAUX GAZEUSES, LIQUEURS, KIRSCHS, RHUMS,
SIROPS, VINAIGRES, ETC.

SUIVI DES LOIS, ARRÊTS, JUGEMENTS, ETC., CONCERNANT CETTE MATIÈRE

PAR

V.-F. LEBEUF

ŒNOLOGUE

PARIS

RORET, LIBRAIRE ÉDITEUR,

12, RUE HAUTEFEUILLE, 12

1865

DU TRAVAIL

DES BOISSONS

OU CE QUI EST

PERMIS OU DÉFENDU

IMPRIMERIE L. TOINON ET Cᵉ, A SAINT-GERMAIN.

DU TRAVAIL

DES BOISSONS

OU CE QUI EST

PERMIS OU DÉFENDU

DANS LA MANIPULATION DES VINS, ALCOOLS
EAUX-DE-VIE, BIÈRES, CIDRES
EAUX GAZEUSES, LIQUEURS, KIRSCHS, RHUMS, SIROPS
VINAIGRES, ETC.

SUIVI DES LOIS, ARRÊTS, JUGEMENTS, ETC., CONCERNANT CETTE MATIÈRE

PAR

V.-F. LEBEUF

ŒNOLOGUE

PARIS

RORET, LIBRAIRE ÉDITEUR,

12, RUE HAUTEFEUILLE, 12

1865

Renseigner le producteur et le commerçant
sur ce qui est permis et sur ce qui est défendu
dans le travail des boissons, telle est la pensée
qui a dicté les lignes qui suivent. Ce n'est point
un travail scientifique que nous avons voulu
faire ni un ouvrage de jurisprudence; mais
bien un recueil pratique de manipulations ayant
pour base la loyauté d'une part, les usages
commerciaux et les lois de l'autre.

On ne devra pas chercher de formules d'analyses dans cette brochure, elles seraient super-
flues. Ceux qui en auraient besoin pourront
recourir aux nombreux ouvrages des maîtres
qui s'en sont occupés d'une manière toute

spéciale ; car il n'entre ni dans notre intention ni dans le cadre de cet ouvrage d'aborder sérieusement ce travail.

Nous avons été obligé de nous répéter quelquefois ; mais cela nous a paru utile pour éviter des recherches au lecteur et rendre notre pensée plus intelligible.

La question que nous avons entrepris de traiter est complexe, délicate, difficile ; aussi nous craignons bien d'être resté au-dessous de la tâche que nous nous sommes imposée. Si nous ne l'avons pas remplie convenablement, nous aurons, au moins, fait preuve de bonne volonté en abordant une matière qui n'a été traitée par personne avant nous, que nous sachions du moins. Nous espérons donc qu'on voudra bien nous tenir compte du désir que nous avons eu d'éclairer une question fort obscure et presque inconnue, tant elle est dominée par l'erreur et l'ignorance.

V.-F. LEBEUF.

Argenteuil, le 1er mars 1865.

DU TRAVAIL

DES BOISSONS

PERMIS OU DÉFENDU

PREMIÈRE PARTIE

Analyse chimique, son but, ses limites. De l'analyse au point de vue commercial.

L'analyse chimique est la décomposition d'un corps, la séparation de ses principes constituants pour les étudier isolément.

Dans le cas qui nous occupe, son but est de reconnaître l'état d'un liquide, ce qu'il est, ce qu'il a été et ce qu'il sera.

L'analyse chimique a des limites; elle peut apprécier sûrement toutes les matières étrangères introduites dans une boisson; mais elle n'est pas encore parvenue à expliquer d'une manière exacte tout ce qui constitue les liquides, surtout en ce qui concerne les saveurs et les odeurs.

Au point de vue commercial, l'analyse chimique est à

peu près toute-puissante ; avec elle on retrouve tousles principes qui ont existé naturellement dans les liquides, on reconnaît et on apprécie toutes les substances qui y ont été introduites, toutes celles qui ne sont pas dues au travail naturel, toutes celles qui ne sont pas le résultat des combinaisons normales : on comprend donc de quelle utilité elle peut être dans l'étude des boissons, et les services qu'elle peut rendre au commerce et à l'industrie.

Le producteur est responsable de son produit; il doit le vendre et le livrer loyal et marchand. Si ce produit est altéré par accident ou par son fait, peu importe, il peut y avoir résolution de la vente ; il peut même être passible d'amende et de prison si la marchandise est de nature à compromettre la santé du consommateur.

Le négociant ou le commerçant qui achète pour revendre est absolument dans le même cas que le producteur. Si la marchandise s'altère chez lui, soit de son fait, soit accidentellement, il est responsable comme lui à moins qu'il puisse démontrer que l'altération existait avant que le liquide fût en sa possession ; encore, dans ce cas, sa responsabilité n'est pas entièrement à couvert.

Producteur et négociant doivent la garantie de la chose vendue, soit sous le rapport de la provenance, si elle est énoncée, soit sous celui de l'aptitude à servir à l'usage que l'acheteur a déclaré vouloir en faire s'il y a eu engagement.

En cas de contestation sur ces différents points, c'est l'analyse qui éclaire la question et la résout. On comprend de quelle importance est ce travail, et combien il est utile d'y recourir chaque fois qu'une boisson présente des caractères douteux ou qu'elle est d'une provenance suspecte.

Composition du vin.

Le vin se compose :

1º D'eau ;

2º D'alcool ;

3º De sels à base de potasse, surtout de tartre ;

4º De tannin ;

5º De matière colorante ;

6º D'un arome et d'un bouquet spéciaux ;

7º De diverses substances d'une minime importance.

Toutes ces substances, excepté l'arome et le bouquet, se retrouvent exactement à l'analyse. Quelle qu'en soit la quantité elles ne sauraient échapper à un rigoureux travail.

Voici dans quelle proportion les diverses parties du vin se trouvent réunies, sur 100 parties :

Vins ordinaires.

Alcool......................	8	»
Extrait sec.................	3	25
Acides et sels..............	2	50
Eau........................	86	25
	100 parties.	

Vins de Bourgogne (Gamet).

Alcool......................	9	»
Extrait sec.................	2	80
Acides et sels..............	1	35
Eau........................	86	85
	100 parties.	

Vins de Bourgogne (Pinot).

Alcool......................	11 50
Extrait sec	2 70
Acides et sels..............	1 20
Eau.......................	84 60
	100 parties.

Vins du Midi.

Alcool.....................	13 25
Extrait sec.................	4 10
Acides et sels..............	2 05
Eau.......................	80 60
	100 parties.

Vins de Bordeaux.

Alcool.....................	12 »
Extrait sec.................	3 15
Acides et sels..............	1 75
Eau.......................	83 10
	100 parties.

Nous avons dit qu'il y avait de l'eau, de l'alcool, du tannin et des sels organiques ; il ne reste plus qu'à déterminer dans quelle proportion ils entrent chacun dans la composition du vin. On sait d'avance que ces éléments varient selon les crus, l'année, l'âge, les cépages, etc. Ce n'est donc encore ici qu'une moyenne que l'on peut avoir ; mais cette moyenne suffit pour établir les rapports généraux qu'ils ont entre eux.

M. Ladrey, dans sa *Chimie œnologique,* résume ainsi les travaux de M. Fauré.

Les vins de la Gironde de la récolte 1840 contenaient :

	Vins rouges.	Vins blancs.
Alcool en volume..........	9.30	11.50
— en poids...............	7.36	9.14
Bitartrate de potasse et traces de tartrate de chaux et de fer.....................	0.21	0.13
Chlorures alcalins..........	traces	0.01
Sulfate de potasse..........	0.02	0.02
Phosphate de chaux........	traces	8.01
Extrait....................	0.13	0.13
Eau......................	92 25	90.51

D'après M. Jacob, les vins de Tonnerre contiendraient par litre de 700 milligr. à 1 gr. 198 de sels organiques comme ci-dessus.

M. Filiol a opéré sur des vins de la Haute-Garonne, et il a trouvé les quantités suivantes sur des vins des récoltes de 1842, 1843 et 1844.

Tartrate de potasse, de.....	820 à 2.425
— de chaux, de........	0 à 0.072
— d'alumine, de......	0 à 0.054
— de fer, de.........	0 à 0.131
Chlorure alcalin, de........	21 à 0.259
Sulfate de potasse, de.....	74 à 0.266
— de chaux, de........	0 à 0.149
Phosphate de chaux, de.....	183 à 0.750

Schubert, qui a analysé plusieurs vins du Rhin, a

trouvé qu'ils contiennent les quantités suivantes d'alcool, d'acide considéré comme acide tartrique et d'extrait :

Alcool, de..................	7. 2 à 10. 7
Acide libre, de............	0.69 à 1.35
Extrait, de...............	2. 8 à 7.02

La quantité de tannin contenue dans le vin subit des oscillations considérables, comme celles de l'alcool et des sels organiques.

Il résulte de ces recherches que l'analyse ne peut être d'aucune utilité pour constater qu'un vin est de tel ou tel cru, puisque ses parties constituantes ne sont pas dans des rapports exacts d'une année à l'autre; que dans la même localité elles subissent des variations considérables, suivant le cépage et le climat. Mais si l'analyse est impuissante à constater ces faits, elle est infaillible pour établir si les parties d'un vin, quelles qu'elles soient, sont naturelles ou ajoutées, inoffensives ou dangereuses : c'est tout ce qu'il faut au commerçant pour protéger ses droits et ses intérêts. En effet, que lui importe que tel vin contienne un peu plus ou un peu moins de sels et de tannin si le tout forme un ensemble convenable à la bonne conservation de son vin, s'il veut le conserver, ou qu'il soit droit en goût et marchand s'il veut le vendre ?

Que les sels, le tannin, la matière colorante, etc., soient nuls ou abondants, cela importe peu au producteur : son vin est naturel, il a le droit de le vendre. Si la constitution est modifiée par la mauvaise saison ; si, au lieu d'être une liqueur bienfaisante ce vin est devenu une boisson dangereuse, par suite de l'absence du sucre et de la présence des acides, tant pis pour l'acheteur; car il doit savoir ce que tout le monde sait : que le vin provenant de raisins verts est plus ou moins acide, et que l'usage de cette boisson, au lieu de réconforter, débilitera et produira des malaises à celui qui la consommera.

Mais si le producteur ou le marchand mêlent deux vins, l'un de bonne, l'autre de mauvaise qualité, et que le mélange soit vendu comme vin de bonne qualité et en nature, il peut y avoir tromperie sur la nature de la chose vendue et résiliation du marché, réduction de prix et indemnité, suivant les circonstances.

En résumé, quelle que soit la quantité des éléments naturels qui composent le vin, on ne peut affirmer qu'il y ait fraude; car ces quantités sont variables selon les années, les cépages, le degré de maturité du raisin, la manière dont le vin a été fait, gouverné ou traité.

Ajouter au vin des matières propres à sa conservation n'est pas une fraude, mais une nécessité d'utilité générale. Cependant, il y a certaines additions qui doivent être avouées, dans le cas où elles changeraient la nature du vin de manière à le rendre ou impropre à l'usage auquel on le destine, ou seulement capable d'atténuer les effets qu'on en attend.

Ajouter du 3/6 à du vin de Bordeaux, à du Corton, qu'on veut faire consommer à un malade qui recherche le vin léger, c'est le rendre impropre à sa destination. Ajouter du 3/6 à des vins destinés à fabriquer de l'eau-de-vie, c'est détériorer le produit et commettre une fraude, comme nous l'avons dit plus haut.

Les diverses parties qui constituent le vin sont presque toujours dans des proportions déterminées à l'avance.

On sait que quand l'une d'elles abonde, telle autre diminue, et *vice-versa*.

C'est en vain que les falsificateurs ont cherché à imiter le vin naturel par des vins factices, la fraude se découvre toujours à l'aide de l'analyse, et c'est fort heureux; car sans cela, on serait exposé très-souvent à boire des liquides falsifiés óu fabriqués de toutes pièces.

Toutefois, disons qu'il y a des manipulations honnêtes que l'usage et la loi ne réprouvent pas. S'il est interdit de fabriquer les vins sans raisin, il est permis de les travailler : il est même certain qu'ils ne le sont pas assez, et que tout le monde aurait à gagner s'ils l'étaient davantage.

L'ignorance et la routine ont été de tout temps contre le travail des vins. Pour elles, ce mot est synonyme de fraude; cependant, il est aujourd'hui reconnu que le vin a besoin de subir diverses manipulations pour acquérir toutes les qualités dont il est susceptible.

Le vin n'est point un produit naturel, mais un produit fabriqué; or, on comprend qu'il peut l'être plus ou moins bien, plus ou moins mal. L'étude et la science n'étant point du domaine du fabricant, c'est-à-dire du vigneron, il faut que le commerçant y remédie autant qu'il est en son pouvoir, après la fabrication. Il s'ensuit donc que le vin n'est jamais ou rarement satisfaisant chez le producteur, et que ce n'est guère que chez le négociant intelligent qu'on le trouve possédant toutes ses qualités.

D'ailleurs, le négociant est obligé de fournir à sa clientèle les vins qu'elle exige; il faut donc qu'il puisse reproduire presque exactement les mêmes types. De là, l'obligation de faire des mélanges, de bouqueter, etc., etc., pour obvier aux mauvaises récoltes et remplacer les vins qu'il ne peut se procurer ou qui n'existent pas certaines années.

Le vigneron ne colle pas, il ne soutire même qu'à regret. Il ne prend que bien rarement soin de sa cave. Il n'est presque jamais outillé d'une manière convenable pour opérer sur les vins. Que sa marchandise soit un peu plus ou un peu moins bonne, il la vend le prix ayant cours dans sa localité. Pour lui, soins et soucis semblent superflus.

La plupart des manipulations faites par le commerce ont pour but d'améliorer les vins; il en est qui sont inintelligemment faites et qui sont défendues par la loi, par l'usage; elles peuvent être nuisibles à la santé, ou elles tendent à modifier les liquides et à en changer la nature et la destination. Mais il en est qui sont autorisées et faites dans un but honorable et avouable: nous allons examiner successivement les unes et les autres dans des chapitres différents.

Richesse alcoolique du vin.

La présence de l'alcool dans le vin, et dans de fortes proportions, est un indice de qualité, en général ; cependant, ce serait une erreur grossière de croire que par cela seul il les possède toutes; car cet alcool peut avoir été ajouté, c'est-à-dire que le vin peut avoir été viné.

L'alcool et le tannin sont les principaux éléments utiles du vin ; ce sont eux qui constituent son action tonique, mais il faut qu'ils soient le produit ou le résultat de la vendange, et non celui de la manipulation ; car l'alcool et le tannin qu'on ajoute après la fermentation et en hors-d'œuvre, ne constituent que des mélanges dont les propriétés ne sont pas complétement identiques avec l'alcool et le tannin naturels.

L'alcool et le tannin dont les vins sont additionnés ne sont jamais à l'état de combinaison intime, quoi qu'on fasse. Ils ne font jamais *corps* avec le vin ; ils ne sont jamais *soudés* ou *fondus*, comme l'on dit commercialement.

Quelle que soit la méthode qu'on emploie pour mélanger l'alcool au vin, cette addition est très-facile à reconnaître par l'analyse ou par la dégustation. Ce serait donc en vain qu'un négociant essaierait d'en augmenter ainsi la quantité s'il voulait déguiser son opération. Il en serait de même du tannin.

La quantité d'alcool contenu dans les vins est très-variable. Certains œnologues ont établi des tables de quantité pour tous les vins des crus importants ; mais elles ne servent qu'à établir des moyennes, car le vin de tel ou tel cru peut donner 10 et même 20 pour 100 de plus ou de moins d'alcool une année qu'une autre. Il est donc impossible de prendre ces chiffres comme des bases immuables.

En effet, si l'on met en parallèle les vins d'une bonne année avec ceux d'une mauvaise, on trouve quelquefois une différence de 40 pour 100. Ces tables n'ont donc à nos yeux d'autre importance que celle de constater la richesse alcoolique de tel vin de telle année. D'ailleurs, tel cépage produit telle quantité d'alcool, tandis que tel autre en produit une quantité beaucoup plus ou beaucoup moins grande, et cela non-seulement à la même latitude, mais dans le même sol.

Il est généralement admis que les vins dont la désignation suit contiennent la quantité d'alcool énoncée au tableau que nous allons donner. Cependant on se tromperait étrangement si l'on croyait que ces quantités fussent invariables, comme nous venons de le dire.

D'après l'analyse faite par M. Julien de Fontenelle, ces vins contiendraient, en alcool absolu, savoir :

(Pyrénées-Orientales.)

Rivesaltes,	de 20 ans............	23 40	p. 100
—	de l'année..............	20 »	—
Banyouls,	de 18 ans............	23 60	—
—	de l'année............	20 30	—
Collioure,	de 15 ans............	23 »	—
—	de l'année............	20 »	—
Salces,	de 10 ans............	21 80	—
—	de l'année............	19 40	—

(Aude.)

Fiton et Leucate,	de 10 ans..........	21 20	—
—	de l'année..........	19 40	—
Lapalme,	de 10 ans............	22 »	—
—	de l'année.....	19 60	—
Sigean,	de 8 ans............	21 50	—
—	de l'année............	19 20	—
Narbonne,	de 8 ans............	21 50	—
—	de l'année............	19 40	—
—	de la plaine et de l'année.	17 70	—
Lézignan,	de 10 ans............	21 »	—
—	de l'année............	19 40	—
Mirepeysset,	de 10 ans............	22 20	—
—	de l'année............	20 30	—
Carcassonne,	de 8 ans............	18 40	—
—	de l'année............	17 »	—

(Hérault.)

Nissan,	de 9 ans............	20 10	—
—	de l'année............	18 60	—

2.

Béziers,	de 8 ans................	10 09 p. 100
—	de l'année.............	18 60 —
Montagnac,	de 10 ans.............	20 » —
—	de l'année.......	19 80 —
—	de l'année et de la plaine.	18 10 —
Lunel,	de 8 ans..............	20 » —
—	de l'année.............	16 » —
Frontignan,	de 5 ans..............	18 10 —
—	de l'année............	16 » —
Hermitage rouge, de 4 ans............		13 90 —
—	blanc, de 4 ans...........	16 80 —

(Côte-d'Or.)

Bourgogne,	vieux...................	16 70 —
—	autres.................	12 12

(Gironde.)

Graves,	de 3 ans..............	14 20 —
—	de 2 ans..............	13 60 —
Bordeaux,	vieux.................	17 » —
—	autres................	14 60 —

(Marne.)

Champagne non mousseux............	14 10 —
— mousseux............	12 40 —

Nous avons négligé dans ce tableau divers détails qui nous semblent insignifiants. Quoi qu'il en soit, M. Julien de Fontenelle donne la récapitulation suivante, comme moyenne de ses opérations :

Banyouls............	21 96 p. 100
Rivesaltes...........	21 80 —
Collioure.............	21 62 —

Lapalme	20 93	p. 100
Sigean	20 56	—
Mirepeisset	20 45	—
Salces	20 43	—
Narbonne	19 90	—
Lézignan	19 46	—
Leucate et Fiton	19 70	—
Montagnac	19 30	—
Nissan	18 80	—
Mèze	18 60	—
Béziers	18 40	—
Lunel	18 18	—
Montpellier	17 65	—
Carcassonne	17 22	—
Frontignan	16 90	—
Bourgogne	14 75	—
Bordeaux	13 73	—
Champagne	12 20	—

Ainsi que nous l'avons dit, ces proportions ne sont pas applicables à toutes les années ou à toutes les récoltes ; il peut y avoir des écarts considérables pour les années où le raisin n'acquiert pas toute sa maturité. On devra donc en tenir compte, avant de se prononcer sur une contestation ayant pour base la quantité d'alcool contenue dans un vin.

L'acheteur ne pourra se prétendre trompé quand il obtiendra 20 et même 25 p. 100 de moins dans une année mauvaise, et l'expert ne saurait trop se renseigner avant de conclure contre le vendeur, en comparant le vin, objet du litige, avec d'autres vins de même provenance et de la même année.

Pour donner une idée exacte de la différence qui peut exister dans les récoltes, nous citerons le tableau suivant

que nous trouvons dans la chimie de M. Ladrey, où sont
consignés les travaux de M Bouchardat, sur les vins de
Bourgogne des récoltes 1845 et 1846. M. Bouchardat
établit ainsi la richesse alcoolique des vins de ces deux
récoltes :

	1845	1846
Vins de Gamay	4.8	10.00
— Gros-Verrot	6.9	9.12
— Petit-Verrot	8.2	12.75
— Melon	9.1	12.05
— Servoyen vert	8.8	12.00
— Servoyen rose	10.0	12.25
— Pinot noir	10.6	13. 5
— Pinot blanc	10.1	14. 2

Voici, d'après Gay-Lussac, la quantité d'alcool pur
contenu dans 100 parties :

Bagnols (Gard)	17	
Madère vieux et Grenache	16	
Collioure	15. 6	
Jurançon	15. 2	
Beaune	11	à 11. 5
Nuits	11	à 11. 5
Bourgogne	11	à 11. 5
Vins de l'Ouest	10	
— de Mâcon	10	
— de Châlon	10	
— de Beaujolais	10	
— de Saumur	10	
— de Westphalie	10	
Saint-Estèphe	9. 7	

Vins ordinaires du Midi..........	9. 7	
Graves........................	9. 7	
Larose-Kirvan	9. 7	
Château-Latour (Gironde)........	9. 3	
Phelan (Gironde)................	9. 2	
Malaga........................	15. 1	
Chypre........................	15. 1	
Saint-Georges (Hérault)..........	15	
Sauternes (Gironde).............	15	
Rivesaltes et Pyrénées-Orientales..	14. 6	
Jurançon rouge ordinaire	13	
Barsac, blanc..................	12.10 à 14.17	
Coteau d'Angers................	12.	
Bommes blanc (Gironde).........	12. 2	
Frontignan....................	11. 8	
Champagne mousseux...........	11. 6	
Saint-Pierre-du-Mont (Gironde)...	11. 5	
Vins du Rhin..................	11	à 11. 9
Ermitage rouge................	11. 3	
Côte-Rôtie....................	11. 3	
Volnay.......................	11	à 11. 5
Chambertin...................	11	à 11. 5
Richebourg...................	11	à 11. 5
Caubnac (Gironde).............	9. 2	
Giscours (Gironde).............	9. 1	
Lioville (Gironde)..............	9. 1	
Tokai (Hongrie)...............	9. 1	
Château-Haut-Brion...........	9	
Château-Détournet.............	9	
Branne-Mouton................	9	
Château-Laffitte...............	8. 7	
Château-Margaux..............	8. 7	
Vins du Cher..................	8. 7	
Verrières (Seine-et-Oise)........	6. 2	
Ergersheim...................	6	

Si l'on rapproche ce tableau de celui qui précède, on verra quelle énorme différence il existe entre les deux : cela provient de ce que les vins sur lesquels on a expérimenté n'étaient probablement ni de la même année, ni du même âge, ni du même cépage.

Nous avons opéré nous-même sur quelques vins ; voici les résultats que nous avons obtenus et que nous garantissons être très-exacts :

Argenteuil (1860).............	4.25
Basse Bourgogne (1860)......	7.10
Riceys (1860)...............	7.15
Loches (1860),...............	7.10
Landreville (1860)...........	6.95
Essoyes (1860)...............	7. 5
Roussillon (1860).............	13.40
Argenteuil (1862).............	8.75
— (1861).............	9.90
— (1863).............	8.80
— (1864).............	9.50
Vins de Tillac (Gers) (1860)....	11.60
— (1862)....	13.40
— blanc..........	11.60
Champagne mousseux........	11. 5
— non mousseux....	7.90
Grenache (1858), de M. le marquis de Turenne, à Valmagne (Hérault)..................	14.60
Vin rouge du même (1860)....	11.90
Picquepoule, du même (1860)..	12.80
Narbonne (1860)............	13.75
Langlade (1860).............	11.25
Châteauneuf-du-Pape........	12.10
Barcelone (1859).............	18.»»

Catalan (1859)............... 18.40
Charente-Inférieure (1860)..... 7.80
— (1862)..... 9.90
Charente (1862)............... 9.90
— choix (1862)........ 12. 5

Que résulte-t-il de ces indications diverses? Que le vin de tel ou tel cru contient une quantité d'alcool qui oscille, suivant les années et les crus, entre tel ou tel chiffre en volume. Par conséquent, l'acheteur pourra se rendre compte *à peu près*, à l'aide de l'analyse par distillation, si le vin qu'on lui a vendu appartient bien au cru dénommé, quant à la quantité d'alcool d'abord ; c'est-à-dire que le Roussillon doit contenir, au minimum, 13 litres 40 centilitres d'alcool par hectolitre ; le Narbonne 19 litres, le Rivesaltes 14 litres, le Jurançon 15 litres, le Château-Margaux 8 litres 70 centilitres, le Bourgogne de pinot noir 13 litres, le Bordeaux 13 litres, et ainsi de suite.

Cependant, le négociant ou l'expert chargé de faire une vérification de ce genre devra recourir de préférence, s'il le peut, à l'analyse d'un vin provenant du cru d'où le vin suspecté est déclaré provenir, *mais de la même année*. L'opération sera beaucoup plus sûre et lèvera tout doute.

Nous ferons remarquer que dans les tableaux que nous venons de donner, il existe des différences considérables, et que Julien de Fontenelle et Gay-Lussac ont omis de dire s'ils avaient opéré sur des vins avinés ou non avinés. Nous croyons qu'ils ont opéré sur des vins avinés ; car dans nos essais, nous n'avons jamais rencontré la dose d'alcool indiquée par eux dans les vins du Midi, tels que le Rivesaltes, le Roussillon, le Collioure, etc.

Si l'acheteur doit se montrer tolérant sur la quantité

d'alcool existant dans les vins de table, il doit être exigeant lorsqu'il s'agit de vins destinés aux coupages, ou pour remonter les vins faibles dont la conservation n'est assurée que par cette opération. Le Roussillon et le Narbonne, par exemple, étant des vins qui sont exclusivement destinés au remontage et à la coloration, ne sont plus marchands quand ils contiennent moins de 13 pour 100 d'alcool s'ils sont déclarés non avinés, et moins de 15 s'ils sont vendus comme avinés.

Il est assez d'usage qu'on stipule dans un marché le degré d'avinage; on dit que le vin est chargé de 1 et demi (c'est le minimum), 2, 3, 4 et 5 pour 100 d'alcool. Il faut donc ajouter cette quantité à celle contenue naturellement dans le vin, pour rentrer dans les termes du marché.

Si le vin est destiné à être brûlé, la proportion d'alcool formant toute la valeur de ce vin, les principes que nous venons de développer doivent être rigoureusement pratiqués.

En dehors des conditions d'usage, il se fait des marchés à forfait. Le vendeur cède sa marchandise sur dégustation, d'après appréciation et pour ce qu'elle vaut, sans garantie aucune. Dans ce cas, l'acheteur est sans recours, et il doit en être ainsi, puisqu'il a mis à la place du droit commun son appréciation personnelle, et qu'il a ainsi traité à ses risques et périls de la marchandise telle qu'elle existait.

Cependant, hâtons-nous de dire que le vin ainsi acheté ne saurait échapper aux poursuites pour cause de falsifications qui le rendraient dangereux et insalubre, quel que soit, du reste, l'usage auquel on le destine.

Ajoutons encore que le vin vendu sous garantie de tant pour cent d'alcool, s'il a reçu un avinage non avoué, doit être considéré comme une tromperie. En effet, supposons un vin de la Charente destiné à être converti en eau-de-vie. S'il porte naturellement 12, et qu'on l'ait aviné de 2, on commet une fraude en le vendant comme portant 14 et en le garantissant naturel. Cela est logique, car si le distillateur vend son eau-de-vie comme eau-de-vie de vin et qu'il y ait un septième de 3/6 de betterave ou de grains, il commet un acte de tromperie sur la nature de la chose vendue, et l'eau-de-vie obtenue est inférieure à ce qu'elle devrait être.

L'introduction de l'alcool d'industrie dans les vins se reconnaît de deux manières : par la dégustation et par l'analyse.

Quand la dégustation a lieu peu de temps après le mélange, elle peut constater l'addition de l'alcool étranger ; mais s'il date de quelque temps, le dégustateur peut s'y tromper. L'analyse, au contraire, révèle immédiatement l'addition de l'alcool étranger ; mais elle ne saurait toujours en constater la quantité d'une manière exacte.

Manipulations permises, manipulations défendues.

Manipuler le vin, c'est le travailler.

Travailler le vin est chose permise toutes les fois que le but en est avouable, c'est-à-dire qu'il n'est pas une fraude, une falsification.

Nous allons donc examiner quelles sont les manipulations permises, quelles sont celles qui sont défendues.

Manipulations permises : Mélange des vins de toute nature, rouges ou blancs, vinages ou remontages, coloration à l'aide de certaines substances, collage, mutage, plâtrage pendant la fermentation, sucrage des moûts.

Manipulations défendues : Mélange des vins gâtés avec les vins sains, coloration à l'aide de substances malfaisantes ou dangereuses, plâtrage des vins après la fermentation, remontages inavoués, collage avec des substances mal préparées ou altérées.

Un mot sur chacune de ces opérations.

1° Le mélange des vins de toute nature est permis, mais à la condition qu'ils soient tous en *bonne santé*, autrement, il y a fraude. Cependant, nous devons dire que les vins gras et amers font exception. Toutes les fois que les tribunaux ont eu à juger ces sortes de mélanges ils les ont considérés comme permis, pourvu que ces vins ne fussent pas en proportion telle qu'il y eût à craindre un retour à la maladie qui n'est qu'un état passager ; car tout vin gras ou amer revient à son état normal après un laps de temps variable. Il nous est impossible de nous étendre davantage sur les mélanges ; ceux qui voudraient de plus amples détails les trouveront dans le *Manuel de l'amélio-ration des liquides* [1].

On peut également mélanger aux vins sains des vins fûtés, moisis, non francs de goût, pourvu que la dégustation ne les découvre pas.

Le vinage des vins de bouche est permis dans les proportions indiquées par les tableaux de la Régie; au delà il constitue une fraude au détriment du Trésor. Quant aux vins destinés à la chaudière, ils peuvent être également vinés; mais le vendeur doit en prévenir le bouilleur, afin que celui-ci sache parfaitement qu'il entre dans son vin un alcool étranger ou ajouté.

La coloration à l'aide des vins noirs, des teintes autorisées, est tolérée. Quant à ces dernières, le commerce sait à quoi s'en tenir; il doit toujours s'adresser aux fabricants qui lui présentent le plus de garanties.

Le collage bien fait, avec des substances bien préparées, est un moyen d'épuration et de conservation du vin : il est donc, dans ce cas, toujours autorisé et même recommandé.

Le mutage est parfaitement inoffensif, bien que certaines personnes aient émis l'opinion qu'il laissait des traces d'arsenic dans le vin. Les expériences ont démontré le contraire, et les antagonistes n'ont jamais pu donner la preuve de leur dire. Les tribunaux ont eu à juger le mutage et l'ont déclaré inoffensif comme le soufrage. Tout récemment encore un jugement vient de déclarer que cette opération est licite.

Il ne faut pas toujours prêter trop d'attention à ce que

---

1. Un vol. in-18, 3 fr., à la *Librairie encyclopédique* de Roret, rue Hautefeuille, 12, à Paris.

certains chimistes-experts avancent au sujet des matières intoxicantes qu'ils ont l'habitude de trouver un peu partout : il faut faire contrôler leurs opérations. Il y a, en effet, partout des substances dangereuses, mais cela ne prouve ni qu'on les y ait mises ni qu'elles soient en assez grande quantité pour causer des accidents.

Le plâtrage dans la cuve est pratiqué, depuis longtemps, dans le Midi. Il a donné lieu à des procès très-sérieux, à des contestations très-longues, qui ont ému les producteurs et le commerce ; mais les tribunaux, et même les tribunaux suprêmes, ont reconnu son innocuité, se fondant sur les observations des chimistes qui ont déclaré que les vins plâtrés *dans la cuve, avant la fermentation et dans des proportions que la pratique indique*, ne contenaient pas de plâtre au moment du décuvage, ou qu'en aucun cas il n'en était résulté d'accidents. (*Voir* à la seconde partie, *Lois*, etc.)

Le sucrage des moûts a été également déclaré loyal et inoffensif toutes les fois qu'il n'a été employé qu'à ramener le moût à la densité ordinaire et sans but d'augmenter la quantité. Toutefois, il est indispensable que le producteur déclare que son vin a été traité par cette méthode, quand il s'agit de vins de prix ou destinés à la distillation ; car il en résulterait, dans le cas contraire, un préjudice pour l'acheteur, préjudice que celui-ci n'aurait pu reconnaître. Cependant, disons que tout vin de bouche peut être vendu sans aveu, mais sans garantie, sur simple dégustation avec ou sans essai ; car dans ce cas il rentre dans la classe des vins travaillés et améliorés par les moyens que la science indique. (Pour plus amples renseignements, consulter le *Manuel de l'amélioration des liquides*.)

2º Quant aux manipulations défendues, il est ordinairement facile de les reconnaître, et l'individu qui s'y livre l'ignore rarement. Cependant il y a des falsificateurs qui sont quelquefois de bonne foi, c'est pourquoi nous allons également passer en revue ces diverses opérations qui ne sont en général que l'œuvre de l'ignorance.

Le mélange des vins gâtés avec des vins marchands est une fraude, par deux raisons : la première, c'est que l'on fait passer pour bon un vin presque sans valeur et que l'on se procure ainsi un gain illégitime ; la seconde, c'est que ce vin peut être insalubre et de nature à détériorer, sinon à perdre complétement celui avec lequel il est mélangé.

Si l'on mêle à du bon vin du vin aigre, tourné ou en fermentation putride, il est certain qu'on y introduit le germe d'une dégénérescence qui arrivera tôt ou tard, et le mélange tout entier sera perdu si la consommation ne met un terme à son action destructive. On cause donc à la fois un préjudice au négociant qui achète et au consommateur dont on compromet la santé.

On doit bien se convaincre du but de la loi sur les mélanges. Elle les a permis et autorisés, parce qu'à leur aide on peut, quand ils sont convenablement pratiqués, améliorer la plupart de nos vins qui ont des caractères particuliers de goût et de saveur qui les rendent parfois impropres à la consommation ; tandis que le mélange les ramène à une uniformité, à un type général de goût, de saveur et de constitution qui en font une boisson hygiénique et agréable, au lieu de désagréable et de malsaine qu'elle était.

Nous avons dit que la coloration était permise avec des substances inoffensives, parce qu'ici encore nous lui trouvons un rôle utile : celui de satisfaire aux exigences de l'usage, au goût du consommateur, d'assurer la conservation du vin ; mais il y a des colorations défendues : ce sont toutes celles faites avec des substances dangereuses ou de nature à altérer le vin : telles sont les colorations à l'aide des baies d'yèble, de troëne, de myrtille ; de la racine de garance, etc.

Le plâtrage des vins permis dans la cuve en fermentation est défendu dans le tonneau après le soutirage, parce que, dans le premier cas, le plâtre disparaît entièrement : il est décomposé ; tandis que dans le second, il ne l'est pas, et on le retrouve à l'analyse avec tous les caractères d'une drogue peut-être malfaisante.

Le remontage fait avec des vins fortement vinés peut constituer une fraude, quand il s'applique à des vins destinés à la chaudière et qui ont été vendus comme naturels et non avinés.

Le collage fait avec de la gélatine mal épurée, mal préparée, peut introduire dans le vin un germe de décomposition, un goût putride ; le faire tourner à l'aigre ou lui donner un déboire tel qu'il ait perdu une grande partie de ses qualités et de sa valeur. Un vin collé avec une telle matière, qui, même quand elle est bien préparée, est déjà dangereuse, peut donner lieu à des poursuites en résiliation de vente ou en dommages-intérêts : il en est de même de celui fait avec du sang ou des œufs gâtés. Le sang contenant 90 pour 100 d'eau animale cause souvent la perte des vins, même longtemps après les soutirages, alors que toute idée de l'effet du collage a disparu. Nous avons été très-souvent consulté pour des vins qui avaient contracté des altérations fort graves, à la suite de collages faits avec du sang et des gélatines. Quelques-uns même offraient des dangers réels à la consommation ; d'autres ont été refusés par les tribunaux et ont dû retourner à l'expéditeur ; d'autres ont été coulés par ordre de la justice, après saisie et condamnation.

Vins dont la vente est interdite, bien qu'ils n'aient subi aucune falsification.

Les vins naturels dont la vente peut être défendue sont ceux qui ont subi des altérations spontanées, telles que l'aigre et la pousse, quand elles sont arrivées à un tel degré qu'ils peuvent être nuisibles à la santé, c'est-à-dire qu'ils sont presque convertis en vinaigre ou putréfiés. (Voir à la seconde partie, *Lois*, etc.)

Les vins qui ont exceptionnellement moins de 6 pour 100 d'alcool, quand les autres du même cru en ont 8 et 9, peuvent être déclarés non marchands et refusés par le destinataire, car il ne saurait être victime d'un fait accidentel dont il ne pouvait soupçonner l'existence. Quand les vins sont mauvais dans toute une contrée, le fait est connu ; mais s'il s'agit d'un fait personnel, la notoriété cesse, et l'exception peut être invoquée en faveur de l'acheteur.

Hâtons-nous d'ajouter, cependant, qu'un tel vin ne peut donner lieu à aucune poursuite. Si nous le signalons ici, c'est à titre de renseignement et pour que le vigneron qui pousse à la quantité par des plants de mauvaise nature et divers moyens, sache bien qu'il s'expose à voir fermer la porte du marché à son vin.

Indépendamment des altérations ci-dessus, il y en a

d'autres qui proviennent, comme nous l'avons dit, d'un mauvais collage, qui s'infectent, se putréfient et deviennent dangereux : on doit donc toujours déguster le vin que l'on expédie, afin de s'assurer s'il est resté intact depuis son arrivée, la dernière dégustation ou le dernier collage, etc. Le négociant prudent ne doit jamais expédier du vin malade, alors même qu'il ne l'est que légèrement; car, dans un long trajet, il peut se perdre complétement et être saisi comme dangereux à son arrivée à destination.

Falsification du vin.

Il y a deux sortes de falsification : celle qui diminue la valeur réelle du vin, par l'addition de matières inoffensives, et celle qui en rend l'usage dangereux, par l'introduction de substances nuisibles.

On diminue la valeur réelle du vin en y ajoutant de l'eau, du vin malade, du sucre, de la glúcose, de la mélasse, du poiré, du cidre, de la piquette, etc. -

On rend le vin dangereux en y ajoutant des substances malfaisantes.

L'addition d'eau est la falsification la plus fréquente. Nous avons eu occasion plusieurs fois de constater qu'elle avait lieu à Paris dans des proportions qui dépassent 20 pour 100. Il arrive aussi que le vin en contient alors même que le négociant semble n'y en avoir pas mis; témoin celui qui est collé avec la gélatine. On fait dissoudre cette matière à raison d'un litre et demi par pièce de 230 litres pour un collage ordinaire. Supposez que le vin passe par quatre ou cinq mains, ce qui arrive fréquemment, et que chaque détenteur colle à la gélatine tant recommandée par certains fabricants ou marchands, il arrive que le vin aura gagné 4 ou 5 pour 100 d'eau et qu'il sera privé de tout le tannin qu'il possédait. Ce ne sera plus qu'une piquette alcoolisée.

Si l'eau ajoutée est bien pure, l'analyse ne peut guère la découvrir quand elle n'entre pas dans une certaine proportion.

L'addition de poiré et de cidre a lieu généralement dans les vins blancs. Elle se constate de deux manières : par l'analyse, et par la dégustation, qui décèle le goût *sui generis* de chaque liquide.

L'addition de sucre, de glucose, de mélasse constitue une falsification quand elle est accompagnée d'addition d'eau. Elle ne se pratique guère que sur les vins bourrus ou vins doux. Certains marchands au détail en font une spéculation très-lucrative. Nous avons dégusté et analysé des vins doux qui contenaient 50 pour 100 d'eau sucrée ou glucosée.

La piquette est de deux sortes : celle qui se fait avec le marc de raisin abreuvé d'eau, et celle qui résulte du travail des lies. L'une et l'autre sont généralement alcoolisées.

Si l'économie veut que le marc et les lies soient utilisés, la loyauté commerciale exige que ces opérations ne prennent pas le caractère d'un vol. Quand des vins ont reçu une semblable addition il faut, de deux choses l'une : ou que le prix du vin soit diminué, ou que l'opération soit avouée; faute de quoi il y a évidemment tromperie. C'est tout au plus s'il peut être permis d'ajouter 2 pour 100 de ces liquides dans des vins communs à titre de remplissage (ouillage).

Mélanger du vin malade, surtout du vin aigre ou

poussé, à du vin sain, est une fraude parce qu'on y introduit ainsi un principe de décomposition. Si cette boisson est destinée à la consommation immédiate, il ne saurait en résulter un grand préjudice pour l'acheteur ; mais si le vin est de prix, s'il est destiné à être conservé ou à voyager, il y a dix chances contre une qu'il sera totalement perdu. Ce n'est donc pas sans raison que cette fraude est punie.

Ici, encore, nous retrouvons la question d'économie et d'intérêt ; mais dans ce cas, que le détenteur de pareils vins s'attache à les guérir avant de les soumettre au coupage, et il n'enfreindra ni les lois de la probité ni celles de l'économie. Si son vin est encore du vin, c'est-à-dire s'il n'est pas complétement décomposé, il y a des moyens de guérison que la loi permet. S'il est perdu, il faut se soumettre à la perte et envoyer le vin à la vinaigrerie.

Nous avons dit plus haut que les vins gras ou filants, les vins amers, ceux de mauvais goût, fûtés ou moisis, pouvaient être introduits dans les vins marchands sans encourir de blâme ; nous le répétons ici pour que l'on soit parfaitement fixé sur ses droits et sur ses devoirs.

Quant aux substances malfaisantes qui se rencontrent dans le vin, elles sont rarement le fait d'une intention coupable, si ce n'est toutefois le plomb (litharge) que des ignorants ont encore l'habitude d'introduire dans le vin aigre pour l'adoucir. C'est la fraude la plus coupable comme la plus sotte qu'on puisse faire ; elle est d'autant plus inexplicable qu'il existe des moyens inoffensifs, non pas de masquer l'aigre, mais de guérir cette maladie.

Le fer, le cuivre, le zinc ne se rencontrent qu'acciden-tellement dans le vin. Ils s'y trouvent par suite de la mal-propreté des vaisseaux vinaires métalliques et des instruments qui servent à la manipulation ou au soutirage. Cette incurie des négociants leur a attiré bien souvent des condamnations qu'ils auraient pu éviter avec un peu de soins. Malheureusement pour eux ils sont très-relâchés sous ce rapport, en général, et ils en pâtissent les premiers.

Il arrive aussi, parfois, qu'on trouve dans le vin de fortes quantités d'alun. Cette addition est une habitude dans certains vignobles. Elle a pour but de concourir à la conservation du vin comme le plâtrage ; mais il faut éviter que cette substance soit employée à trop forte dose dans la cuve. L'alun n'est une substance malfaisante que quand il est pris à très-haute dose. Il faut donc que le praticien sache bien ce qu'il doit employer.

A Argenteuil, et dans plusieurs vignobles, on est dans l'usage d'ajouter 250 à 300 grammes d'alun par pièce de 230 litres, lors de l'encuvage. Une plus forte dose pourrait être nuisible. Les vignerons lui attribuent la propriété de rendre la coloration plus vive, le vin plus brillant, de l'empêcher de *tourner au gras* (de devenir filant, maladie connue sous le nom de *graisse*), et d'amener une prompte clarification. Quelques-uns en mettent jusqu'à 500 gr., cette quantité est peut-être trop forte par deux raisons, c'est qu'une partie n'est pas décomposée pendant la fermentation et que le vin ainsi aluné est très-rêche et très-dur. Dans les vins gras, ils en ajoutent 15 à 20 gr. par hectolitre ; mais cela fort inutilement.

Nous nous défions toujours des analyses, car la plupart du temps les chimistes-experts qui sont appelés à les faire mettent un certain amour-propre à trouver de la falsification. Il nous suffira de rappeler ici ce qui s'est passé au sujet d'un *vin aluné* (*Voir* la seconde partie, *Lois*, etc.) qui avait été considéré comme falsifié.

ALCOOL

Sa composition chimique.

L'alcool est composé de :

Carbone 52.17
Hydrogène...................... 13.04
Oxygène. 34.79
                               ____
                               100.00

Lorsqu'on mêle ensemble :

53. 7   volumes d'alcool
49. 8   —   d'eau, on a
____
103.05 volumes employés et cependant on n'obtient
        que 100 volumes de liquide.

Sa pesanteur spécifique est, suivant Richter, de 0792, à la température de 20°. Il est très-volatil et entre en ébullition à la température de 79° cent., sous la pression de 76 centimètres.

Voici dans quels termes la chimie nous dépeint l'alcool.

Cette description ou cette analyse, comme on le voudra, est à peu près insignifiante pour le commerçant.

L'analyse englobe, dans une seule et même classe, tous les alcools, parce qu'ils ont les mêmes caractères chimiques : alcool de betteraves, alcool de vin, alcool d'asphodèle, de bois, de grains, de riz, de canne, etc., tout cela pour elle n'est qu'un. Pour le commerce, qui n'a à voir que l'odeur et la saveur, degré à part, ces renseignements sont complétement nuls ou insuffisants.

Si tous les alcools sont identiques quant à la composition et pris à l'état pur, ils sont loin de présenter les mêmes odeurs et les mêmes saveurs, ce qui fait que les uns ont une valeur intrinsèque beaucoup plus grande que les autres, par rapport à la dégustation. Les uns ne sont propres qu'aux usages industriels, les autres, au contraire, peuvent servir à la consommation de bouche. Ce sont de ceux-ci dont nous avons à nous occuper.

Diversité des alcools.

Quelle que soit la pureté des alcools d'industrie, ils contiennent toujours une certaine quantité de substances étrangères, telles que de l'eau, des acides, des huiles essentielles, de l'éther. Ce sont précisément ces substances qui leur donnent ou leur enlèvent leurs qualités.

Quand un alcool est presque dépourvu de ces matières, on dit qu'il est neutre; quand il en contient on le dit de mauvais goût; parce que tous les alcools d'industrie destinés à la consommation doivent être purgés des substances qui décèlent leur origine; car il n'y a de bon pour cet usage que ceux provenant du vin et dont les aromes et saveurs diffèrent complétement de celles qu'ont tous les autres alcools.

D'un côté on recherche l'arome du vin, de l'autre on repousse ceux de betterave, de riz, de grains, etc., parce qu'ils sont désagréables.

Les alcools, quand ils sont ramenés à un degré inférieur à celui auquel ils sont tirés, prennent des saveurs plus ou moins prononcées en raison de la quantité d'huile essentielle qu'ils contiennent, aussitôt qu'ils sont additionnés de la quantité d'eau nécessaire. L'odeur et la saveur des huiles essentielles prennent un développement considérable qui ne fait que s'accroître avec le temps; de telle sorte qu'ils finissent par devenir tout à fait impotables. Ils ont donc d'autant moins de qualité et de valeur qu'ils sont susceptibles de s'éloigner davantage de l'alcool de vin, ou qu'ils sont moins aptes à se laisser couvrir par l'odeur et la saveur de ce dernier.

Caractère spécial des alcools.

L'analyse chimique étant impuissante à distinguer les alcools entre eux, il est indispensable de recourir à la dégustation pour les reconnaître.

Cependant, comme on le verra plus loin, il existe des moyens de reconnaître les eaux-de-vie mélangées d'alcool ou de trois-six d'industrie.

Nous allons essayer de donner une définition propre à distinguer les différents alcools. Puisse-t-elle servir à nos lecteurs. Notre langue manque d'expressions propres pour exprimer les diverses sensations que les alcools font éprouver en les dégustant; aussi, nous craignons fort que notre description ne soit incomprise, malgré tout notre bon vouloir.

Pour déguster un alcool quelconque, il faut au préalable le mélanger avec une quantité d'eau suffisante pour l'amener à 40 degrés centésimaux, 45 au plus; autrement ses caractères deviennent plus difficiles à saisir. Après la réduction, il faut agiter le mélange et le laisser reposer une heure ou deux au moins, pour laisser le temps au gaz de s'échapper, à la combinaison de se faire, et aux différentes odeurs et saveurs de sortir et de se prononcer assez pour être perceptibles à la dégustation.

Il y a trois époques dans la dégustation : la première est celle où le liquide envahit la bouche, touche aux papilles de la langue et au palais; la seconde, où le liquide vient de pénétrer dans l'arrière-gorge et l'œsophage ; la troisième, quelques instants (une demi-minute, environ) après qu'il est avalé. Ces époques, que nous appellerons périodes, vont nous servir de point de départ pour exprimer les impressions que l'on ressent lors de la dégustation de chaque alcool.

Que l'on ne perde pas de vue qu'il s'agit d'alcool de *bon goût*, et non d'alcool mal rectifié, dont la nature est telle qu'il est impossible de s'en servir comme boisson, quelle que soit du reste la quantité que l'on puisse mélanger à des alcools ou eaux-de vie de bonne nature.

Alcool de betteraves. — 1re période, saveur nulle ; 2me période, goût fade ; 3me période, saveur caractéristique désagréable rappelant un peu celle de la plante cuite. Cette saveur se prolonge pendant plusieurs minutes et envahit toutes les parties de la bouche et de la gorge, notamment la partie antérieure de la langue. Quelques alcools ont une légère saveur d'éther nitrique ou d'amande amère.

Alcool de grains. — 1re période, sentiment de sécheresse, saveur nulle ; 2me période, saveur légèrement éthérée et sèche ; 3me période, odeur et saveur caractéristiques rappelant parfois un peu celles du gluten , mais peu persistantes.

Alcool de riz. — 1re période, saveur douceâtre assez

agréable; 2me période, goût légèrement éthéré, parfois nul; 3mo période, saveur un peu fade et caractéristique du riz peu persistante.

Alcool de pommes de terre. — 1re période, saveur instantanée particulière, sèche, rêche ; 2mo période, goût particulier, éthéré, légèrement amer; 3mo période, saveur caractéristique dite goût de fusel ou de cuivre, plus ou moins empyreumatique, très-persistante, désagréable ; sentiment de sécheresse, presque de causticité.

Alcool de canne. —1re période, saveur un peu douceâtre ou sucrée; 2me période, goût particulier assez agréable, quoique un peu fade; 3mo période, saveur particulière rappelant la mélasse ou la canne à sucre, un peu le cuir de Russie et le goudron, très-persistante, légèrement styptique, aromatique et empyreumatique.

Alcool de cidre. — 1re période, saveur particulière, douceâtre ; 2me période, saveur d'éther nitrique et butyrique assez caractérisée ; 3mo période, saveur plus prononcée, persistante, rappelant celle du fruit avancé ou pourri, laissant un sentiment de sécheresse à la gorge.

Alcool de bière. — 1re période, saveur douceâtre ; 2mo période, goût légèrement acidule et amer, éthéré ; 3mo période, saveur empyreumatique caractéristique et amère du houblon, sentiment particulier de sécheresse persistant.

Alcool de sorgho. — 1re période, saveur légèrement vineuse et sucrée ; 2me période, saveur rappelant un peu celle de la plante; 3mo période, déboire caractéristique, saveur sèche, légèrement aromatique.

Alcool de garance. — 1re période, saveur particulière un peu éthérée; 2me période, goût fade rappelant la garance 3mo période, saveur plus prononcée, très-désagréable et persistante, sentiment de sécheresse.

Alcool d'asphodèle. — 1re période, saveur sèche particulière; 2me période, goût un peu douceâtre rappelant celui de la plante, légèrement éthéré ; 3me période, déboire caractéristique particulier, désagréable, parfois empyreumatique.

Tels sont les alcools d'industrie qui se fabriquent assez en grand pour pouvoir être mélangés aux alcools de vin, ou aux eaux-de-vie. Les autres sont si peu importants, qu'il serait superflu d'en parler.

Nous comprenons parfaitement qu'avec ces données seules, il serait fort difficile de distinguer d'une manière exacte tous ces produits ; mais avec un peu d'habitude, elles seront utiles pour les reconnaître.

Il est une chose importante à remarquer, c'est que tous les alcools d'industrie se distinguent par leur déboire, par un sentiment de sécheresse et une saveur désagréable qui se prononce sur la langue, l'arrière-gorge, dans la bouche et au palais, après qu'on les a avalés. Avec un peu d'attention, le praticien ou le dégustateur ne s'y trompera jamais, et les reconnaîtra facilement et toujours.

Cependant, il peut arriver qu'un mélange de divers alcools produise une confusion de saveurs telle qu'il soit très-difficile de les distinguer ; mais avec un peu d'habitude, on apprendra bien vite à découvrir celui qui domine, et dans tous les cas, on saura toujours facilement les reconnaître d'avec les alcools de vin.

Manipulations.

Les alcools ne subissent presque pas de manipulation, à part les mélanges, la clarification et la décoloration.

Mélanger tous les alcools d'industrie entre eux et les vendre comme tels est chose permise ; mais mélanger de l'alcool d'industrie à de l'alcool de vin et le vendre pour alcool de vin pur est une fraude. C'est donc à tort que certains négociants se croient autorisés, parce que cette mauvaise pratique est *passée à l'état d'habitude*, à en user quand même.

Tout mélange d'alcool d'industrie avec de l'alcool de vin doit être avoué, quelque minime que soit l'addition qui a été faite.

Quelques marchands se retranchent derrière le bon marché, en disant que l'acheteur savait bien ou devait savoir qu'au prix auquel il a acheté il ne pouvait prétendre avoir de l'alcool de vin parfaitement pur. Cette raison est celle de l'épicier qui vend de la chicorée pour du café. Les tribunaux n'ont jamais admis cette excuse, à moins que l'écart du prix entre le type demandé et le type vendu ne soit largement en faveur de l'acheteur ! Encore est-il que la résiliation du marché pourrait s'en suivre si l'alcool ne pouvait remplir le but désiré.

Si vous avez des alcools mélangés, donnez-les pour ce qu'ils sont, et vous serez à l'abri de toute poursuite, ou vendez-les sans énonciation de provenance.

Quelle est la quantité d'alcool d'industrie qui peut entrer dans l'alcool de vin sans que l'auteur encoure l'amende ou la condamnation? Telle est la question qu'on nous a souvent posée.

La loi, l'usage n'en admettent pas du tout ; cependant il y a une certaine tolérance. Tant qu'il n'y a pas 5 à 6 pour 100 d'alcool étranger, on peut supposer qu'il provient du vinage des vins qui ont été distillés.

Le mélange de divers alcools peut également donner lieu à condamnation s'il est vendu pour alcool pur de riz, de grains, de vin, etc., et que la valeur vénale soit inférieure à celle de l'alcool acheté ; car c'est encore un moyen de duper. Vendre de l'alcool de betteraves pour de l'alcool anglais qui vaut souvent 25 pour 100 de plus, est évidemment une tromperie.

La clarification des alcools ainsi que leur décoloration sont des opérations inoffensives et permises, quand elles sont faites avec des matières non altérantes, ce qui a presque toujours lieu, attendu que les substances nuisibles n'ont aucune propriété de nature à les faire préférer.

Falsifications.

Les alcools sont beaucoup moins falsifiés que les vins; cependant nous avons trouvé dans quelques-uns de l'acide acétique, de l'acide nitrique, de l'acide sulfurique qui y avaient été ajoutés.

Pourquoi et dans quel but?

Il est certain que c'était pour en modifier le goût qui était peu agréable, c'est-à-dire pour le déguiser et vendre cette marchandise au-dessus de sa valeur réelle. Nous n'avons pas besoin de dire que cette action est aussi coupable qu'absurde; car les acides ne sauraient amé- o rer la saveur des alcools.

Toutefois, hâtons-nous de dire que l'addition de l'acide acétique de vin ou de bois n'est point une falsification dangereuse : c'est une fraude simple, car son usage ne peut être nuisible. Tout le monde sait que l'on en fait des vinaigres communs, en l'étendant d'une quantité d'eau suffisante, et qu'il s'en trouve naturellement dans les alcools.

Nous avons également constaté une fois la présence du cuivre et du plomb ; mais il est certain que ces substances provenaient des appareils ou des vases qui avaient contenu l'alcool, et qu'ils n'avaient point été ajoutés avec une intention frauduleuse.

EAUX-DE-VIE

Qu'est-ce que l'eau-de-vie ?

Avant toute discussion, avant tout examen, répondons à cette question : Qu'est-ce que l'eau-de-vie ?

Il est évident que dans le principe l'eau-de-vie était l'*aqua vitis* (et non l'*aqua vitæ*), c'est-à-dire un mélange d'alcool et d'eau, provenant de la distillation du vin.

Si l'on s'arrêtait à cette définition qui, scientifiquement parlant, est la seule vraie, il en résulterait que tout ce qui se vend sous le nom d'eau-de-vie devrait être de l'alcool de vin, au *titre potable*, soit à 45 ou à 48° centésimaux, et même à 50°. Mais ici encore la science disparaît devant l'usage. L'eau-de-vie n'est que de l'alcool à 45, 48 ou 50°, n'importe sa provenance : vin, cidre, bière, betterave, grains, pomme de terre, etc. On comprend sous cette dénomination tous les alcools mouillés, c'est-à-dire additionnés d'eau.

Quand on achète de l'eau-de-vie sans désignation, après ou sans dégustation, il faut bien qu'on le sache, on n'achète que de l'alcool mouillé, n'importe lequel ; le prix seul en indique la qualité.

Le prix se règle de deux manières :

Si l'eau-de-vie (ou coupage) n'est que de l'alcool mouillé sans addition aucune de matière améliorante, le prix s'en règle d'après la valeur de l'alcool identique ; s'il s'agit d'alcool mouillé et travaillé, le prix doit être fixé d'après la valeur du travail.

Expliquons notre pensée :

Si l'on vend de l'alcool de betteraves à 45°, simplement mouillé d'eau, il vaudra la moitié du prix de l'alcool à 90°, plus l'eau et la main-d'œuvre du mouillage ; si l'alcool à 90° vaut 100 fr., le coupage vaudra 50 fr., plus l'eau et la main-d'œuvre.

Mais si l'alcool a été travaillé, s'il a un caractère qui le rapproche de l'eau-de-vie, cognac ou autre type, il vaudra d'autant plus qu'il se rapprochera davantage de ce type.

Le travail du vin est permis, donc le travail des eaux-de-vie ne saurait être défendu. La loi se tait en pareille matière ; elle dirait le contraire que cela ne serait pas une raison, commercialement parlant, parce que la loi ne fait pas le commerce : c'est le commerce qui fait la loi, ou tout au moins qui doit la faire.

Les us et coutumes ont été respectés de tout temps, parce qu'ils dénotent des habitudes basées sur des besoins ; or, en matière de boissons, comme en toutes autres, il faut les respecter.

C'est en vain qu'on réclamerait contre ces usages, ils sont établis au vu et au su de tous. Le marchand qui achète des eaux-de-vie à 50 fr. l'hectolitre sait fort bien qu'il n'achète pas des eaux-de-vie de vin, alors que celles-ci valent le triple ou le quadruple ; dire le contraire est le propre de la mauvaise foi ou de l'ignorance. L'acheteur qui discute dans ce cas peut être taxé de l'une ou de l'autre.

Quand une eau-de-vie est vendue pour Cognac, Béziers, etc., deux cas peuvent se présenter : ou il y a garantie de provenance, ou il n'y a pas garantie.

Pour qu'il y ait garantie, il n'est pas besoin qu'elle soit

stipulée dans le marché, dans le contrat, dans la vente ou dans la facture : c'est le prix qui sert de base.

S'il n'y a pas garantie, il suffit que le prix de la marchandise coupée ou travaillée soit inférieur d'une manière sensible au prix de celle en nature.

Citons un exemple :

Si l'eau-de-vie de Cognac, bois, bon bois, fine champagne ou autre, vaut 200 fr. l'hectolitre, et qu'on vende à ce prix un coupage facturé *eau-de-vie de Cognac*, il est évident qu'il y a tromperie. Mais si l'on vend un bon coupage 150 fr., se rapprochant essentiellement du type, il est certain que c'est le travail qu'on achète en vue de bénéficier de la différence de 50 francs et de pouvoir rétrocéder ou livrer ce produit à la consommation à un prix inférieur à celui de l'eau-de-vie de Cognac pure : une telle opération est alors parfaitement loyale de part et d'autre.

Indépendamment de la question de provenance, il y a celle d'âge ; on vend des eaux-de-vie *nouvelles*, *rassises* ou *vieilles* ; ceci peut encore donner lieu à contestations.

L'âge donne de la qualité à l'eau-de-vie, non parce qu'il en change la nature, mais parce qu'il en modifie la saveur et les apparences.

Une eau-de-vie vieille peut avoir les caractères d'une eau-de-vie rassise ou presque nouvelle : cela dépend de la manière dont elle a été conservée ou travaillée.

Si le vendeur a annoncé cinq, six ou dix ans d'âge, il doit livrer de l'eau-de-vie de l'âge annoncé ; mais s'il a vendu de l'eau-de-vie vieille sans désignation d'âge, il peut livrer de l'eau-de-vie *vieillie*. Il fait payer son travail : c'est justice, c'est son droit.

A ceux à qui cette pensée pourrait paraître douteuse,

nous dirons ceci : sous la latitude de Paris, le chasselas mûrit en septembre, mais il y a des horticulteurs qui savent le forcer et le faire mûrir deux mois plus tôt. Les poursuivra-t-on pour avoir fait arriver ces fruits à maturité par des moyens artificiels? Non, ce serait absurde! Eh bien, il en est de même des eaux-de-vie.

Au surplus, tout le commerce sait qu'il y a des moyens de vieillir les eaux-de-vie, et quand on achète, on s'occupe beaucoup moins de l'âge qu'elles ont que de l'âge qu'elles représentent.

Composition de l'eau-de-vie.

L'eau-de-vie se compose d'alcool, d'eau et d'huile essentielle ou volatile.

Comme on le voit, sa composition est la même que celle de l'alcool.

Serait-ce à dire qu'on pût la confondre avec lui ? Nullement.

L'eau-de-vie contient presque 50 pour 100 d'eau. On peut ajouter cette même quantité d'eau à de l'alcool ; mais on n'y ajoutera pas les odeurs, les saveurs, l'huile essentielle, et de plus, l'eau ajoutée contiendra ses substances propres dont il est difficile de la débarrasser.

Le manipulateur qui croirait faire passer de l'alcool réduit pour de l'eau-de-vie se tromperait étrangement; car il est toujours facile de découvrir l'addition de l'eau.

La chimie serait-elle impuissante à reconnaître la fraude que la dégustation lui viendrait en aide; car, pour l'homme expert, rien n'est plus aisé que de reconnaître la présence de l'alcool dans l'eau-de-vie, toutes les fois qu'il y est mélangé dans de certaines proportions : 25 pour 100, par exemple,

Il y a diverses eaux-de-vie : les eaux-de-vie de cidre, de genièvre, de bière ; nous n'en parlerons pas, car ce que nous avons dit à propos des alcools, suffira pour les faire distinguer.

Disons, toutefois, que les eaux-de-vie de cidre bien faites, convenablement traitées ou manipulées, ont un certain mérite et une valeur dont on se doute à peine dans certaines localités.

Les eaux-de-vie se distinguent en deux catégories : les eaux-de-vie de vin (que ce soit du vin, de la bière, du cidre, etc.), et les eaux-de-vie de marc (qu'il s'agisse d'eau-de-vie de marc de raisin, de pommes, de lie de vin, etc.).

Leur composition chimique diffère par deux points : Les eaux-de-vie de marc contiennent plus d'huile essentielle, plus d'acide et d'éther.

Elles sont beaucoup plus enivrantes que les eaux-de-vie de vin. Cette propriété a pour cause la présence des huiles essentielles, notamment de celle connue sous le nom d'huile œnanthique.

Il nous est arrivé de faire cette expérience sur nous-même. Bien souvent nous prenons un peu d'eau-de-vie après dîner, nous le faisons toujours impunément. Cependant, chaque fois, que nous avons voulu essayer de prendre de l'eau-de-vie de marc, nous avons ressenti un peu d'engourdissement du cerveau, une sorte de congestion très-voisine de l'ivresse. De plus, notre digestion était presque toujours troublée par cette ingestion.

Nous avons remarqué aussi que plus les eaux-de-vie de marc sont de mauvaise qualité, plus leur odeur et leur saveur sont pénétrantes et prononcées, plus elles sont enivrantes, parce qu'elles contiennent une plus grande quantité d'huile essentielle et peut-être une substance qui échappe aux investigations de la chimie.

Il est avéré pour nous que l'eau-de-vie de marc des bons vins provoque moins rapidement l'ivresse que celle des vins médiocres ou mauvais. L'eau de-vie de marc de Bourgogne enivre et indigestionne moins que celle d'Argenteuil, par exemple. Tout cela se rattache au même principe, à celui que nous venons d'émettre plus haut. Il n'y a donc pas lieu de s'étonner si les personnes qui font usage de ces mauvaises eaux-de-vie s'enivrent si facilement.

L'alcool n'est pas la seule substance qui concoure à provoquer l'ivresse : les huiles essentielles y entrent peut-être pour une plus large part. Cela est tellement vrai que le vin d'Argenteuil qui ne contient guère, en moyenne, que 8 pour 100 d'alcool, enivre plus rapidement que le Bordeaux qui en contient un tiers de plus.

Il y a encore une remarque à faire, c'est que les huiles essentielles, certaines du moins, produisent des effets tout particuliers. Nous avons souvent vu, alors que nous habitions la Bourgogne, des personnes ivres, par suite de libations copieuses de vin. Eh bien ! elles ne ressentaient guère que les effets ordinaires de l'ivresse ; tandis que presque toujours l'ivresse produite par les vins de certains crus, notamment ceux d'Argenteuil, rend les hommes furieux, et les porte à des excès honteux. Les Bourguignons ivres s'embrassent et chantent; les buveurs, ivres de vin d'Argenteuil, se querellent, se battent, ont des discours extravagants; ils arrivent à un état voisin de la folie qui les porte souvent au suicide.

On ne saurait donc attribuer ces effets divers et opposés qu'à l'influence des huiles essentielles, à leur abondance ou à leur mauvaise nature.

Contrairement à l'opinion assez généralement admise, que les eaux-de-vie provenant des alcools mouillés produisent rapidement l'ivresse, nous sommes porté, comme on le voit, à conclure différemment; parce qu'ils sont neutres et moins riches en huiles essentielles.

Manipulations des eaux-de-vie.

Les manipulations que l'on fait subir aux eaux-de-vie, dans le commerce, sont les suivantes : mouillage, coloration, coupage, vieillissement amélioration et bouquetage.

Mouillage. — On désigne sous ce nom l'opération qui consiste à réduire le degré de l'eau-de-vie. Les eaux-de-vie sont tirées généralement à un degré qui varie entre 55 et 60 . Or, à ce titre, elles ne sont guère potables que pour les gens qui en font un usage habituel. En général les eaux-de-vie, pour être marchandes au détail, ne doivent pas dépasser 48 à 50 au plus. Si les bouilleurs les tirent à 55 ou 60 c'est uniquement pour diminuer les frais de transport et rendre cette boisson plus neutre en la dépouillant d'une plus grande quantité d'huile essentielle.

Le mouillage a donc pour but de restituer à l'eau-de-vie la quantité d'eau que la distillation ou la rectification en ont soustraite.

Ajoutons aussi que l'eau-de-vie à un titre aussi élevé n'est pas agréable, que le bouquet et la séve ne se développent pas, ou ne sont pas sensibles, et que s'il fallait attendre de l'âge une réduction naturelle, on attendrait un grand nombre d'années, ce qui causerait une perte considérable, tant par la diminution du. volume du liquide, que par les intérêts de la mise de fonds employée à l'achat de la marchandise, et par les chances de coulage et d'avaries de toute nature que le séjour prolongé en magasin entraîne infailliblement.

Le mouillage de l'eau-de-vie est donc d'une importance majeure, non-seulement pour le marchand, mais encore pour le consommateur, puisqu'il a pour effet de réduire le prix de la marchandise dans de fortes proportions et de l'améliorer presque instantanément.

Il est vrai que certains tribunaux ont considéré le mouillage comme une fraude; mais heureusement que les tribunaux suprêmes n'ont pas accueilli ce principe. Ils l'auraient fait que cela eût été regrettable; car les bouilleurs eussent été forcés de tirer les eaux-de-vie à un degré inférieur, ce qui leur aurait enlevé de leur qualité et en aurait augmenté le prix de revient sans profit pour personne. (*Voir*, à la deuxième partie, la circulaire du directeur général Barbier.)

Le mouillage est donc nécessaire, et le commerce ne saurait ni s'en passer ni s'en plaindre, puisqu'il existe pour tout le monde un moyen de s'assurer du degré de la marchandise par un simple pesage à l'aide de l'alcoomètre.

Cependant disons aussi que certains débitants vendent des eaux-de-vie réduites à 40°. A ce titre elles sont trop faibles et ne brûlent pas facilement, de telle sorte que l'acheteur a le droit de s'en plaindre; mais comme cette manipulation est sensible, facile à vérifier, le consommateur punit le vendeur en portant sa clientèle chez un débitant plus honnête. Cette punition doit être suffisante pour garantir le consommateur contre cette mauvaise spéculation.

Coloration. — La coloration des eaux-de-vie a été assimilée à une fraude par quelques tribunaux; mais cette doctrine n'a pas été sanctionnée par les cours d'appel. Il reste bien encore quelques jugements dont on n'a pas relevé appel; mais il est à présumer qu'ils auraient été infirmés, en tant qu'il ne se serait agi que de coloration résultant de l'emploi de matières inoffensives, comme celles qui sont généralement employées à cet effet.

(Au moment où nous mettons sous presse, nous recevons copie de la circulaire du directeur général Barbier (*Voir* à la deuxième partie.) par laquelle la coloration des eaux-de-vie est autorisée.)

Certains négociants colorent avec des matières réputées nuisibles : telles sont la garance, le bois du Brésil, le curcuma. Ces substances, en effet, peuvent être dangereuses, et pour notre part, nous n'hésiterions pas à conclure à une condamnation si nous étions juge dans une affaire de ce genre, parce qu'il existe des moyens de colorer qui sont inoffensifs, capables de remplir aussi bien, même mieux, le but, et tout aussi économiquement. Nous comprenons qu'on emploie une matière douteuse quand il y a impossibilité de faire autrement; nous admettons, par exemple, la coloration des bonbons avec certaines matières, parce que l'industrie n'est pas encore parvenue à produire toutes les couleurs neutres, et que les besoins du commerce exigent une diversité de nuances; mais nous ne l'admettrions pas s'il était possible de s'en passer, ou si les bonbons étaient un objet de consommation journalière, ou si leur ingestion produisait des accidents, hors le cas de consommation immodérée.

5.

C'est par ces motifs que nous admettons la coloration à l'aide du campêche, pour le curaçao et le bitter, parce qu'il n'y a que cette matière qui ait la propriété de faire rougir la liqueur additionnée d'eau. Le consommateur sait cela ou il doit le savoir. Le curaçao se prend en petites quantités comme les liqueurs; mais le bitter entre dans la consommation quotidienne de certaines personnes, et il faut qu'elles sachent que cette exécrable boisson est aussi dangereuse que l'absinthe. Celle-ci agit sur le cerveau, celle-là sur l'estomac : ce sont deux poisons différents.

Le safran est quelquefois employé à la coloration des eaux-de-vie: il est tout à fait inoffensif. Il est généralement peu employé en raison du goût désagréable qu'il communique à l'eau-de-vie, et c'est avec raison ; car il peut être avantageusement remplacé.

On colore également avec du cachou, de l'eau de chêne; ces colorations sont également inoffensives, mais peu usitées, parce que la nuance qu'elles donnent est mauvaise et qu'elles nécessitent souvent un soutirage pour débarrasser le liquide des matières extractives non solubles qui se sont précipitées et qui y flottent aussitôt qu'on le déplace ; d'ailleurs elles rendent les eaux-de-vie louches et difficiles à clarifier.

L'analyse révèle facilement le genre de coloration employé; c'est l'une des opérations les plus sûres et les plus faciles.

Coupage. — On nomme coupage des eaux-de-vie l'action de les mélanger. Il y a deux sortes de coupage : celui qui consiste à mélanger diverses eaux-de-vie de vin entre elles, et celui qui résulte du mélange des eaux-de-vie de vin avec de l'alcool d'industrie.

Mélanger des eaux-de-vie de vin entre elles, comme mélanger les différents vins est chose permise. Tout ce que nous avons dit du mélange des vins est applicable ici ; nous ne voulons donc point nous répéter. Mais de ce que la loi permet les coupages d'eaux-de-vie, il ne s'ensuit pas que le vendeur puisse les livrer pour de l'eau-de-vie en nature ; il y aurait tromperie sur la nature de la chose vendue, délit qui tombe sous l'application de la loi, et qui peut donner lieu à rescision de la vente. Il est donc indispensable de vendre les eaux-de-vie coupées ou mélangées pour ce qu'elles sont, sans les donner sous un nom qui ne leur appartient pas. Si l'on facture sous le nom de *cognac* un coupage vendu le même prix que le cognac en nature, il y a fraude et il peut y avoir lieu à résiliation de vente et à dommages-intérêts, parce qu'il peut y avoir confusion. Le coupage peut être assez bien fait pour qu'il échappe à la dégustation, et dans ce cas la confusion tourne à l'avantage du vendeur qui en abuse. Le vice de la chose est donc caché et l'acquéreur ne peut le découvrir, quelle que soit l'habitude qu'il ait de la dégustation ; un expert dégustateur pourrait seul le reconnaître et l'acheteur ne peut être tenu d'en posséder toutes les qualités. La seule énonciation de : *Eau-de-vie de Cognac*, dans la facture, est un engagement de livrer de l'eau-de-vie véritable de Cognac.

Si le coupage est un mélange d'eau-de-vie et d'alcool d'industrie, dans lequel ce dernier entre en grande proportion, ce que nous venons de dire reste applicable, bien que le liquide puisse être reconnu et apprécié ; car, s'il n'est plus question de défauts cachés que le dégustateur le plus ordinaire ne peut découvrir, il est juste que le vendeur n'en tire pas un profit exorbitant et illégitime.

Aussi, la loyauté veut encore que le marchand ne laisse pas supposer qu'il a vendu un coupage pour du cognac. Pour éviter toutes recherches ou poursuites, il devra facturer, soit : *eau-de-vie mélangée*, soit *cognac coupé*, soit *eau-de-vie* tout court, soit *cognac* ou *eau-de-vie du commerce* ou *cognac sur échantillon*, etc.

Le prix des coupages dépend de deux choses : de la valeur des alcools dont ils sont composés et de la valeur du travail, comme nous l'avons dit plus haut.

Les coupages sont presque toujours accompagnés de quelques autres opérations destinées à les améliorer ; nous aurons occasion d'en parler aux mots *vieillissement, amélioration, bouquetage*.

Les coupages, en général, sont assez mal vus par les tribunaux, parce qu'il est difficile de convaincre les juges de l'utilité de cette opération. En effet, de prime abord, coupage est synonyme de réduction de prix ; or, la réduction du prix semble être opposée à la qualité : il faut faire comprendre qu'il y a des gens à qui la qualité n'est que secondaire et pour qui la quantité est tout.

Les coupages sont définitivement autorisés. (*Voir*, à la deuxième partie, la circulaire du directeur général Barbier.)

Vieillissement. — Le vieillissement est l'opération qui consiste à enlever le mordant des eaux-de-vie, à leur procurer cette douceur, ce moelleux, cette odeur et cette saveur particulières qui les font rechercher des amateurs.

Vieillir l'eau-de-vie c'est lui donner de la valeur en la rendant plus agréable. Cette pratique n'est pas nouvelle et elle ne saurait être blâmée. Elle est aussi loyale, aussi utile que le vieillissement des vins.

Ce travail est fait diversement: il y a un grand nombre de moyens différents d'atteindre le but. Il n'entre pas dans notre plan de les décrire, pas plus que ceux qui consistent à vieillir les vins; nous renvoyons ceux que cela pourrait intéresser au *Manuel de l'amélioration des liquides*[1].

Au nombre des moyens employés, la loi permet les collages, l'introduction dans le liquide de diverses préparations recommandées par l'usage, telles que certains extraits, des eaux préparées au chêne, des eaux distillées, etc., mais il en est de défendus : l'introduction de l'alcali volatil (ammoniaque liquide), qui, soit dit en passant, est complétement nul, celle de diverses préparations dont l'innocuité n'est pas reconnue, et que nous ne pouvons citer ici.

Il y a assez de bons moyens à employer sans recourir à ceux qui ne sont pas entièrement inoffensifs ; aussi il n'y a pas d'excuse pour celui qui recourt aux mauvais, puisqu'il peut aussi bien se servir des bons.

Amélioration. — L'amélioration ne se pratique que sur les eaux-de-vie provenant du dédoublage des alcools d'industrie. Elle consiste en une série d'opérations diverses décrites dans le *Manuel de l'amélioration des liquides*, et sur lesquelles nous n'avons pas à revenir. Parmi ces opérations, les unes sont inoffensives, les autres dangereuses et par conséquent illicites.

Les pratiques permises sont les additions de sucre candi, de sirop de sucre, de sirop de raisin, les coupages, les infusions de plantes aromatiques, les préparations

---

1. 1 vol. in-18, 3 fr., à la *Librairie encyclopédique* de Roret, rue Hautefeuille, 12, à Paris.

œnologiques destinées à modifier le bouquet et la saveur des eaux-de-vie.

Les pratiques défendues sont les additions d'esprit de nitre dulcifié et autres de même genre qu'il est inutile de citer. Indépendamment de ce que ces préparations sont dangereuses, elles sont d'un effet à peu près nul.

Au nombre des moyens d'amélioration, on peut comprendre ceux indiqués au mot *vieillissement,* quoiqu'ils soient plus spécialement appliqués comme nous l'avons dit ; il en est de même de ceux que nous signalons au mot *bouquetage* : il est bien rare que l'une de ces trois opérations ne soit pas accompagnée des deux autres.

Depuis l'introduction, dans la consommation de bouche, des dédoublages d'alcool d'industrie, on a imaginé une foule de moyens pour donner à ces liquides les apparences, la saveur et le bouquet des eaux-de-vie. Tout le monde s'en est mêlé, depuis le garçon de cave jusqu'aux gens qui dirigent des publications industrielles. Les premiers, forts de leur pratique, les seconds, de leur théorie, se sont mis à l'œuvre. Les cavistes ont cru qu'il s'agissait seulement de doubler la dose des ingrédients qu'ils employaient, tels qu'infusion de thé, de capillaire, de feuilles d'oranger, etc., et ils ont produit des boissons impossibles à qualifier comme impossibles à boire ; les journalistes spéciaux ont recommandé des préparations ayant pour but d'ajouter à l'alcool les principes chimiques qui se trouvent dans les eaux-de-vie de vin et ils ont fait faire des boissons impossibles à décrire et à vendre. Il en devait être ainsi, car rien ne s'obtient sans travail : ils ont cru, les uns et les autres, opérer sur des matières inertes ; ils se sont trompés.

On a vu des journalistes recommander des préparations comme étant propres à *débarrasser les alcools de leur senteur empyreumatique*, comme si la senteur empyreumatique existait dans les alcools rectifiés. Mais, alors même qu'elle existerait, elle serait due à la présence d'une substance qu'il faudrait éloigner. Or, quelle est-elle? Voilà ce qu'ils n'ont pas dit, voilà ce qu'ils ne savent pas. Le commerce avait à choisir entre l'ignorance de la cave et l'ignorance du cabinet : il a préféré la première et il a eu raison.

Est-ce à dire que nous repoussons les renseignements écrits? Non ! Mais il faut savoir distinguer entre celui qui est obligé de parler quand même et celui qui ne parle que quand il le veut. Le premier se complaît souvent dans la tournure d'une phrase, dans la nouveauté d'un sujet ou d'une observation, tandis que l'autre n'est jamais forcé, au jour le jour, de se faire l'éditeur d'une sottise, quelque séduisante qu'elle paraisse.

La vérité est que, aujourd'hui comme de tout temps, c'est de l'étude que nous vient la lumière, et que, si l'on doit suivre un conseil, c'est celui qui est dicté par elle. La lumière ne vient pas des ténèbres quelles qu'elles soient, écrites ou parlées : entre l'écrivain qui tient la bougie et le praticien qui porte la lanterne, il y a l'homme de science qui tient le feu.

Bouquetage. — Le bouquetage est l'opération qui a pour but de donner du parfum à l'eau-de-vie qui en est dépourvue. Le bouquetage est presque toujours inoffensif, du moins nous n'avons pas connaissance qu'on ait jamais employé des substances dangereuses pour le pratiquer. En effet, on bouquète avec du rhum, des infusions spéciales, et des préparations œnologiques qui sont d'une parfaite innocuité. Nous dirons même que nous ne connaissons aucune substance nuisible propre à bouqueter agréablement les eaux-de-vie.

Le bouquetage est le complément du *vieillissement* et de l'*amélioration* dont il fait partie.

Les Anglais, les Allemands ont surtout recours à ce procédé pour rendre leurs eaux-de-vie agréables; aussi dépassent-ils de beaucoup les négociants français dans cette pratique. Cela tient à ce que, depuis des siècles, ils ont cherché à imiter nos eaux-de-vie de vin avec leurs dédoublages d'alcools. (Une décision du conseil d'État a a autorisé ce travail. *Voir*, à la deuxième partie, la circulaire de M. le directeur général Barbier.)

Ce n'est guère que depuis quelques années que le bouquetage est pratiqué en France, c'est-à-dire depuis que les alcools de betteraves et de grains sont entrés dans la consommation de bouche.

Les Anglais emploient parfois, pour les eaux-de-vie communes, l'éther acétique; mais nous avons dit que cette pratique n'est pas admise en France. Du reste, l'odeur et la saveur de cette substance y feraient repousser de la consommation l'eau-de-vie qui la contiendrait.

Falsification.

La falsification des eaux-de-vie est moins fréquente que celle des vins. La principale fraude consiste dans les mélanges de qualités inférieures faits dans le but d'être vendus pour des qualités supérieures : elle se fait particulièrement dans les lieux de production.

La falsification proprement dite, celle qui consiste à ajouter aux eaux-de-vie des matières nuisibles, se borne, à quelques exceptions près, à ce que nous avons dit au chapitre *Manipulations*.

La falsification par l'introduction de l'alcool d'industrie dans les eaux-de-vie de Cognac, est pratiquée en grand dans les Charentes, au moment de la distillation, en versant des alcools d'industrie sur les vins dans l'alambic même.

Si l'on en croyait certains peureux, on frauderait l'eau-de-vie avec de l'acide sulfurique et autres drogues de ce genre. Dieu merci ! si cela s'est rencontré, nous aimons à croire que c'est le fait d'un fou ; car nous ne croyons pas qu'il puisse exister un négociant ou débitant capable de commettre un acte pareil, et nous tenons comme contes de pure fantaisie les histoires du genre de celles qui nous font voir de l'acide sulfurique dans l'eau-de-vie. D'ailleurs, il ne peut être d'aucune utilité pour frauder.

Les tribunaux n'ont guère eu, jusqu'à présent, à sévir que contre les fraudes simples, c'est-à-dire contre celles qui consistent à donner frauduleusement et avec garantie, une eau-de-vie mélangée d'alcool pour une eau-de-vie en nature. Les diverses additions que nous avons passées en revue et qui se pratiquent en ajoutant à l'eau-de-vie différentes substances inoffensives, sont permises. Mais est blâmable l'addition d'acide acétique, d'acide nitrique dulcifié. L'acide nitrique est très-dangereux, et si l'on en a vu ajouter aux eaux-de-vie, c'était dans l'intention de leur communiquer un parfum perfide; aussi les tribunaux ont fait prompte justice de ceux qui l'ont employé.

Nous ne nous sommes jamais expliqué pourquoi le commerçant en liquides n'avoue pas franchement ses manipulations : tout le monde y gagnerait, lui le premier.

En effet, combien y a-t-il de gens qui sont trompés sérieusement? Fort peu. Or, quand un débitant, un commerçant quelconque a été trompé, il s'adresse à un autre fournisseur. Il est clair que ni l'un ni l'autre n'ont gagné à cette affaire; l'un y a perdu un client, et l'autre n'a pas réalisé de bénéfice sur son acquisition : beau résultat.

Comme il y a cent fois plus de place, dans la consommation, pour une marchandise travaillée que pour une qui ne l'est pas, pourquoi donc le marchand n'use-t-il pas franchement et loyalement de son droit? Est-ce que quand le liquide est dégusté et trouvé convenable il perdra de ses qualités si l'on déclare qu'il n'est pas en nature? Non! Est-ce que l'acheteur est dupe sérieusement du bon marché qu'on lui offre? Est-ce qu'il croit véritablement acheter de l'eau-de-vie de Cognac en nature à 100 francs l'hectolitre, quand il sait qu'elle est cotée 150 ou 200, ou qu'elle revient à ce prix? Non! Il y a une adhésion tacite de part et d'autre qui fait qu'acheteur et vendeur se comprennent. Il n'y a donc pas tromperie : la réduction de prix suffit pour que l'acheteur ne croie pas à la pureté de la marchandise.

Puisqu'il est permis de travailler les vins, les eaux-de-vie, les alcools, et que ce travail peut être bien ou mal fait, que celui qui sait le pratiquer avec art ose donc le dire nettement, franchement, et au lieu d'y perdre, il y gagnera la confiance de sa clientèle qui saura ce qu'elle achète ; elle traitera alors avec lui hardiment et à coup sûr. Les affaires seront plus rapides, plus certaines, et les relations plus faciles et plus agréables

Quelques-uns nous diront : Si l'on avoue que les eaux-de-vie sont fabriquées, on n'en voudra pas. C'est une erreur ! Comme nous venons de le dire, personne ne croit acheter au rabais des eaux-de-vie en nature. Tout négociant recherche les bonnes imitations et tâche de les obtenir au plus bas prix possible et rien de plus : peu lui importe la provenance.

D'autres diront encore : Mais le débitant qui croit acheter du cognac, n'osera plus mettre sur ses bouteilles des étiquettes *Cognac* du moment qu'il saura que ce n'en est pas. Comme nous venons de le dire, personne ne croit au cognac au rabais, et celui qui use de cette excuse est un hypocrite qui cherche à se tromper lui-même sur la nature et la valeur réelle de la marchandise.

Le consommateur n'y croit pas davantage. Celui qui paie le petit verre d'eau-de-vie cinq centimes sait bien qu'on ne lui sert pas du cognac, mais de l'eau-de-vie façon cognac plus ou moins bien imitée ou travaillée; que l'eau-de-vie de cognac à dix centimes est un coupage qui vaut mieux que celui à cinq, et ainsi de suite. Il est inutile de jouer sur les mots. Il y a des habitudes qui sont plus fortes que les mots et celles-ci en font partie. Tout le monde connaît le sens que l'on attribue à la valeur de chaque chose. Il n'y a jamais personne de trompé, si ce n'est ceux qui le veulent bien.

Les imitations *en toutes choses* sont connues, appréciées à leur juste valeur : elles ont fait le tour du monde. Il faut les accepter toutes ou les refuser toutes. Les réformer est impossible : ce serait contraire aux besoins, aux usages et à tous les intérêts.

BIÈRE

Analyse. — Sa composition.

La bonne bière se compose comme il suit, du moins d'après les essais faits sur des échantillons donnés comme représentant d'excellents types :

Bière double.

Alcool...............	7 gr.	» cent.
Acide carbonique......	»	19
Extrait...............	6	11
Eau..................	86	70
	100	»

Porter anglais.

Alcool...............	6 gr.	» cent.
Acide carbonique......	»	20
Extrait...............	9	10
Eau..................	84	70
	100	»

Bière d'Erfurt.

Alcool...............	4 gr.	11 cent.
Acide carbonique......	»	12
Extrait...............	6	50
Eau..................	89	27
	100	»

Bière forte de Paris.

Alcool	3 gr.	40 cent.
Acide carbonique	»	16
Extrait	3	27
Eau	93	17
	100	»

Certaines bières de Paris contiennent sur 100 grammes :

Alcool	2 gr.	85 cent.
Acide carbonique	»	12
Extrait	2	60
Eau	94	43
	100	»

Un échantillon de bière de Strasbourg a donné sur 100 grammes :

Alcool	4 gr.	03 cent.
Acide carbonique	»	18
Extrait	3	98
Eau	91	79
	100	»

Un échantillon de petite bière nous a donné sur 100 grammes :

Alcool	1 gr.	95 cent.
Acide carbonique	»	07
Extrait	1	48
Eau	96	90
	100	»

La consommation de la bière a augmenté considérablement en France depuis trente ans; mais il est regrettable d'avoir à constater qu'au lieu de s'être améliorée, cette boisson a constamment marché dans le sens inverse, de telle sorte qu'aujourd'hui rien n'est plus rare que la bonne bière. Nous n'avons pas à en rechercher la cause ici; mais il est certain qu'elle provient de la mauvaise fabrication, ou plutôt de l'économie apportée dans la fabrication. L'élévation toujours croissante des matières premières en a restreint l'usage et a fait rechercher des succédanés qui n'ont abouti qu'à l'adultération de ce liquide. Les brasseurs y trouvent-ils leur compte? Font-ils de plus grands bénéfices? Cela est douteux, car la bière ainsi faite se conserve mal, tourne à l'aigre, et il en résulte des pertes réelles. Quant au consommateur, il n'y a rien gagné; car, au fur et à mesure que cette boisson a diminué de qualité, elle a augmenté de prix.

Jadis, la bière était exclusivement faite avec du malt et du houblon; aujourd'hui, c'est à peine si l'on emploie l'orge, et le houblon est, sinon remplacé par des succédanés sans qualités, du moins diminué dans des proportions considérables.

Le sirop de fécule a remplacé presque complétement le malt dans certaines brasseries; le buis, la gentiane, le *quassia amara* et une foule d'autres substances de cette nature ont détrôné en partie le houblon. D'une boisson bonne dans le principe, on a fait un liquide suspect ou désagréable, sinon malfaisant.

Travail des bières.

La bière ne subit que fort peu de manipulations indépendantes de sa fabrication : la coloration, les coupages ou mélanges, le moussage, le collage, le bouquetage, le vinage, telles sont les pratiques auxquelles sont soumises les bières après leur fabrication.

Coloration. — la coloration fait presque toujours partie de la fabrication ; aussi ne colore-t-on que rarement la bière après qu'elle est fabriquée. Cependant il arrive quelquefois qu'elle a lieu après l'entonnage. Quel que soit le moment où on la pratique, elle se fait à l'aide de caramel, c'est-à-dire de mélasse ou de sirop de fécule caramélisé à la vapeur. Le sirop de fécule se vend sous le nom de *rouge végétal*, de *couleur végétale*, etc., c'est toujours la même chose avec des noms différents. La coloration ainsi faite ne saurait être nuisible ni interdite : donc elle est loyale et permise, comme toutes les colorations salubres.

Coupages. — On pratique deux sortes de coupages dans les brasseries : le premier se fait en mélangeant des bières fortes avec des bières faibles ; le second, en mêlant des bières malades, aigres, par exemple, à des bières saines. Le premier est permis ; mais le second n'est pas loyal et doit être interdit comme pouvant entraîner la perte de la bière saine. Le brasseur ne saurait donc trop se garder de pratiquer ces sortes de coupages qui, au surplus, ne peuvent que lui être préjudiciables, car il peut être obligé de reprendre cette bière, ce qui lui cause une double perte.

Moussage. — Le moussage est l'opération qui a pour

but de faire mousser la bière en bouteilles. Cette opération se pratique en introduisant dans le liquide diverses préparations destinées à produire du gaz acide carbonique par une nouvelle fermentation , ou à faire dégager ce gaz à l'instar de celui résultant du traitement des liquides par les gazogènes. Cette opération n'a rien de nuisible et est parfaitement licite quand elle est faite avec des substances inoffensives.

Collage. — Le collage a pour but la clarification; il est presque toujours inoffensif, quand il est pratiqué convenablement et avec de bonnes matières. La colle de poisson (ichthyocolle) est généralement employée au collage des bières. Cette substance, quand elle est bien préparée et employée fraîche, n'est pas nuisible; mais si elle n'est pas de bonne qualité, si elle est mal préparée, ou si elle est préparée depuis longtemps, elle introduit dans la bière des éléments de fermentation acéteuse et de putréfaction qui doivent en faire rejeter l'emploi. Les lois anglaises interdisent l'emploi de la colle de poisson et nous croyons que c'est avec raison. La plupart des maladies de la bière proviennent de l'usage de l'ichthyocolle comme plusieurs altérations des vins ont leur cause dans la gélatine employée à les coller. Nous engageons donc les brasseurs à s'en passer autant que possible. En les supprimant ils auront beaucoup moins de bières aigres, tournées ou filantes, ou qui déposent en flocons après la mise en bouteilles.

Il y a des brasseurs qui emploient certains acides pour clarifier des bières revêches au collage par l'ichthyocolle; nous n'avons pas besoin de nous élever contre cette pratique illicite : ils doivent savoir qu'elle est blâmable et que les tribunaux sévissent contre elle.

Bouquetage. —Le bouquetage des bières est plus employé en Allemagne et en Angleterre qu'en France où il est presque inconnu. Cette pratique n'a rien d'illicite; elle est même recommandable à plus d'un titre. Elle a le double avantage de conserver la bière et de la rendre plus agréable aux amateurs. Etant faite, du reste, avec des substances inoffensives elle est d'une parfaite innocuité : en Allemagne même on lui attribue certains effets hygiéniques.

Vinage. — Le vinage des bières est peu pratiqué en France. Ce n'est guère que sur les bières faibles et malades que nous l'avons vu employer. Cependant, pour les bières qui ont de la réputation, de la valeur, et qui sont destinées à voyager, on pourrait, malgré le prix élevé auquel l'alcool revient aujourd'hui, en raison des droits dont il est frappé, droits qui sont parfois du double du prix de revient de l'alcool lui-même, on pourrait, disons-nous, le pratiquer avec avantage.

Non-seulement l'addition de l'alcool conserve la bière, mais il la clarifie, en précipitant certaines matières inattaquables par la colle de poisson, comme les parties glutineuses et gommeuses, par exemple, qui résistent parfois à tous les moyens de clarification que l'on peut employer.

Sophistication ou falsification de la bière.

Les sophistications de la bière sont de deux sortes : les unes sont inoffensives, les autres dangereuses.

Au nombre des falsifications inoffensives nous rangerons celles qui résultent de l'emploi des substances propres à remplacer le houblon et à donner du montant à la bière :

Les décoctions de *quassia amara,* de feuilles de buis, de racines de gentiane, de sulfate de fer, de capscium, et de diverses plantes amères inoffensives.

Au nombre des falsifications dangereuses nous comprendrons l'addition de matières stupéfiantes ou destinées à produire l'ivresse; des acides ayant pour but de clarifier certaines bières ou de les rajeunir; tels sont l *cocculus indicus,* l'acide sulfurique, deux violents poisons. On trouve aussi dans la bière du cuivre, du plomb, des sels calcaires, etc. Mais toutes ces matières n'y sont pas mises avec intention, elles proviennent du mauvais état des vases qui servent à la fabrication et peuvent donner lieu à des condamnations très-graves contre les brasseurs coupables de négligence et de malpropreté.

Toutes ces falsifications sont très-faciles à reconnaître et nous invitons les brasseurs qui auraient eu la mauvaise pensée d'en essayer, à y renoncer. Ils trouveront toujours dans la science et le travail les moyens de faire mieux que par les falsifications, et ils seront à l'abri de poursuites et de condamnations dont le moindre défaut est de coûter souvent plus que la fraude n'a rapporté. Qu'ils se persuadent bien que la fraude enrichit rarement, mais qu'elle ruine bien souvent.

CIDRES

Composition du cidre.

Voici la composition de quelques échantillons de cidre, pris au hasard.

Cidre anglais.

Alcool pur....................	10
Extrait et sucre.............	4 10
Eau........................	85 90
	100 parties.

Bon cidre de Normandie.

Alcool pur....................	7 50
Extrait......................	3 90
Eau........................	88 60
	100 parties.

Cidre ordinaire.

Alcool pur....................	4 90
Extrait......................	3 15
Eau........................	91 95
	100 parties.

Cidre des Brasseurs de Paris.

Alcool pur....................	3 05
Extrait et sucre.............	3 85
Eau........................	93 10
	100 parties.

Tous ces échantillons ont été pris sur des cidres nouveaux; car on sait que les cidres vieux sont généra... ment aigres, une partie de l'alcool étant converti n acide acétique. Le meilleur des quatre était le cidre anglais, venait ensuite le bon cidre de Normandie, puis le cidre ordinaire, et enfin le cidre des brasseurs de Paris qui n'était, malgré son degré d'alcool, qu'un mauvais breuvage.

Manipulation du cidre.

Comme toutes les autres boissons, le cidre est l'objet de diverses manipulations qui sont: la clarification, la désacidification, la coloration, le coupage, le bouquetage.

Clarification. — La clarification du cidre par le collage est une exception fort rare. On attend que les matières en suspension se précipitent d'elles-mêmes; aussi le cidre n'est-il jamais limpide, si ce n'est quand il commence à *durcir*, c'est-à-dire à s'acétifier.

Le collage est donc peu usité; cependant certains propriétaires commencent à employer la poudre dont on se sert pour la clarification du vin, et ils en obtiennent de bons résultats tant sous le rapport de la clarification que sous celui de la conservation; car tout cidre clarifié se conserve beaucoup mieux et plus longtemps que celui qui n'est pas limpide, attendu que les matières qui le rendent trouble sont des éléments de décomposition (le ferment).

Quand le cidre ne se clarifie pas, le paysan recourt à un moyen empirique : il y introduit de la cendre de noyer ou à défaut toute autre cendre de bois.

Inutile de dire que la clarification obtenue par les moyens ordinaires est très-licite. Celle que produirait la cendre pourrait être blâmable; cette pratique est nulle pour la clarification, et dangereuse pour la conservation du cidre. Elle a, au surplus, l'inconvénient de le rendre très-fade et de lui communiquer un goût de lessive fort désagréable. On doit donc s'en abstenir, d'autant plus que mise dans de trop fortes proportions elle peut être nuisible à la santé.

Désacidification. — La désacidification est l'opération par laquelle on sature la partie surabondante d'acide qui se trouve dans le cidre provenant de pommes qui n'ont pas atteint un degré convenable de maturité; cette pratique bien faite, comme nous l'avons décrite dans le *Manuel de l'amélioration des liquides,* pour le vin, est tout à fait inoffensive. La désacidification pratiquée comme le recommandent certains théoriciens n'est pas dépourvue d'inconvénients : on doit donc se mettre en garde contre les prescriptions de ces empiriques.

Coloration. — La coloration du cidre se fait au moyen du caramel et du rouge végétal, comme celle de la bière; nous n'avons rien à dire de plus que ce que nous avons dit à cet article ; nous y renvoyons le lecteur.

Coupage. — Le coupage du cidre se fait de la même manière et dans les mêmes cas que celui de la bière. Nous renvoyons donc encore le lecteur à cet article.

Le marchand au détail ou débitant ajoute souvent de l'eau au cidre fort; c'est ce qu'il nomme couper.

Le cidre devrait être fait presque sans eau; mais la cupidité, une fausse spéculation font que souvent, pour donner cette boisson à vil prix, on y ajoute une quantité énorme d'eau. C'est à peine, parfois, si le jus de la pomme entre dans le liquide pour un quart. Ce n'est plus que de l'eau de pomme: c'est à ce procédé vicieux que le cidre doit de ne pas entrer plus franchement dans la consommation. Il serait à désirer pour tous que l'on assimilât l'addition de l'eau faite au cidre à celle faite au vin.

Bouquetage. — Quelques propriétaires ou fabricants introduisent dans le cidre des matières propres à lui donner du parfum et à en relever le goût; cette pratique excellente en elle-même, car elle n'a d'autre but et d'autres effets que de rendre cette boisson plus agréable, est licite et loyale, puisqu'elle est d'une innocuité parfaite.

Sophistication du cidre.

Le cidre est falsifié par diverses substances. On y rencontre de l'alcool étranger, de la craie, de la chaux, des cendres, de la litharge, du cuivre, du zinc et du cidre artificiel.

Cette énumération ne doit pas trop effrayer les consommateurs de cidre, mais les marchands; car, à part la litharge qui est mise à dessein, les autres substances ne sont pas nuisibles ou ne se trouvent pas en assez grande quantité pour produire l'empoisonnement. Cependant la présence de la plupart d'entre elles suffira pour faire condamner le marchand ou le fabricant de cidre altéré ou falsifié.

Pour éviter toute confusion, nous allons passer chaque substance en revue séparément.

Alcool étranger. — L'alcool s'ajoute aux cidres faibles

pour les conserver; il est une fraude, quand il a pour but d'ajouter à ce liquide une plus grande quantité d'eau que n'en comporte sa fabrication ordinaire. Dans ce cas, cette addition peut donner lieu à poursuite pour cause de tromperie sur la nature de la chose vendue; autrement, elle est parfaitement licite.

Craie. — La craie est introduite dans le cidre pour saturer l'acidité qui s'y est développée à la suite de la fermentation secondaire; elle n'a rien de nuisible; cependant, elle peut donner lieu à des poursuites contre le vendeur s'il en abuse. Cette addition se reconnaît à la simple dégustation, par le goût salin que la craie communique au cidre.

Chaux. — La chaux est employée par quelques fabricants pour enlever l'acidité trop grande du cidre fabriqué avec des fruits verts. Cette pratique vicieuse peut donner lieu aux mêmes poursuites que l'addition de la craie. Le goût de lessive que la chaux communique au cidre décèle l'opération, et est un obstacle à la vente.

Cendres. — La cendre s'ajoute au cidre dans les mêmes cas et pour les mêmes motifs que la craie et la chaux, et aussi parce que certains paysans croient trouver dans son emploi un moyen de clarifier les cidres revêches. Nous n'avons pas à combattre ici cette erreur, mais seulement à dire que ceux qui ont recours à son emploi sont exposés à des poursuites comme pour celui de la chaux et de la craie. De même que la chaux, les cendres mises en grande quantité donnent au cidre un goût de lessive qui lui enlève toute valeur.

Litharge. — La litharge est un violent poison; il y a encore de misérables ignorants qui s'en servent pour déguiser l'acidité du cidre. C'est une falsification honteuse et des plus coupables, puisque l'on peut guérir le cidre de cette maladie par des procédés inoffensifs que nous avons indiqués, et non masquer cette altération.

Cuivre. — Le cuivre ne se rencontre qu'accidentellement dans le cidre ; il n'y est jamais ajouté sciemment. Sa présence est due à l'incurie du fabricant qui emploie maladroitement des vases malpropres, ce qui le rend passible de condamnation par suite de négligence ou d'incapacité. On ne saurait donc trop recommander aux fabricants la propreté et les soins.

Zinc. — Ce que nous venons de dire du cuivre est également applicable au zinc. Les vases mal tenus sont la cause de la présence de cette substance dans le cidre. On ne doit jamais se servir de vases en métal dans la manipulation et la fabrication des boissons; car elles contiennent toutes une certaine quantité d'acide qui réagit sur les métaux, les oxyde et en introduit une partie dans la boisson.

Cidre artificiel.—Il y a trois sortes de cidres artificiels : le cidre fait avec des pommes et des matières sucrées, le cidre fabriqué avec des pommes sèches, et le cidre sans pommes. L'un et l'autre sont généralement employés à allonger le cidre ordinaire.

Le cidre de pommes et de sucre est celui qui est ordinairement fabriqué dans les brasseries de Paris; il consiste dans la fermentation du marc de pommes avec du sirop de fécule; nous en avons donné l'analyse et la composition plus haut.

Le cidre de pommes sèches est fait par la macération de ces fruits dans de l'eau à laquelle on ajoute du sirop de fécule; on développe la fermentation dans ce liquide, comme pour le précédent, au moyen des pratiques mises en usage pour la bière.

Le cidre sans pommes et purement artificiel se fabrique de toutes pièces avec de l'eau, du sirop, de la mélasse, des plantes aromatiques, etc. On fait fermenter le tout ensemble par les procédés connus, et l'on y ajoute une petite quantité d'alcool.

Ces trois cidres artificiels reviennent à des prix fort minimes, ce qui permet de réaliser de gros bénéfices en les coupant avec des cidres naturels. Cette fraude est prévue et punie par la loi.

Le cidre artificiel peut rendre des services dans les campagnes et même dans les villes ; mais alors il faut le vendre pour ce qu'il est, et en faire connaître la nature.

Poiré.

Le poiré ne diffère pas du cidre, quant à sa composition, à ses manipulations et aux falsifications dont il est l'objet. Il est composé des mêmes substances ; seulement, il est un peu plus alcoolique, en général.

On le boit rarement pur ; car il est très-enivrant et agit sur les nerfs ; du reste, il est rarement en nature dans le commerce ; il est presque toujours associé au cidre. Il sert souvent à falsifier le vin blanc ; aussi il n'est pas rare à Paris de boire de ce vin additionné d'une forte quantité de poiré.

Nous n'avons rien à ajouter à ce que nous avons dit du cidre ; car presque tout ce que nous en avons cité est applicable au poiré.

EAUX GAZEUSES

Composition

Il y a deux sortes d'eaux gazeuses fabriquées en grand : l'eau de Sedlitz et l'eau de Seltz.

Ces eaux se trouvent dans des sources naturelles à Sedlitz et à Seltz.

Sedlitz est un village de Bohême près duquel Hoffmann découvrit, en 1724, une source d'eau minérale purgative, à laquelle il donna le nom de ce village (eau de Sedlitz). Le principe dominant de cette eau est le sulfate de magnésie ; car elle en contient de 12 à 32 grammes par litre ou sur 1000 grammes. Elle contient en outre divers sels en faibles proportions dont le rôle est insignifiant, et 0 gr. 45 de gaz acide carbonique. Cette proportion d'acide carbonique est trop faible ; car dans cet état cette eau est lourde à l'estomac, difficile à digérer et désagréable c'est pourquoi on a augmenté la proportion de ce gaz dans l'eau artificielle.

L'eau de Seltz est aussi une eau naturelle qui vient de Seltz, petit village situé sur le Lahn, dans le duché de Nassau, à 20 kilomètres de Francfort-sur-le-Mein.

Cette eau, d'après l'analyse de Henry, contient, sur 1000 parties de liquide, 2 gr. 740 d'acide carbonique et diverses substances salines, en proportions minimes.

En médecine on fait un grand usage de l'eau de Seltz et de l'eau de Sedlitz ; mais le prix en étant très-élevé, on en fabrique d'artificielles, comme nous allons le voir, pour les suppléer.

Fabrication et manipulation.

Depuis longtemps on a trouvé le moyen de faire des eaux de Sedlitz et de Seltz artificielles. Voici, d'après le codex, la manière de les préparer :

Eau de Sedlitz.

Sulfate de magnésie......   8 gr.
Acide carbonique........   4 volumes.
Eau....................... 625 gr.

Eau de Seltz.

Acide carbonique........   5 volumes.
Eau....................... 625 gr.
    Sels divers, quelques centièmes.

L'eau de Seltz artificielle se prépare aussi, assez souvent, avec de l'acide tartrique et du bi-carbonate de soude. Dans ce cas, il y a décomposition du bi-carbonate de soude par l'acide tartrique, production de gaz et formation d'un tartrate alcalin.

Les eaux artificielles, comme on le voit, diffèrent essentiellement des eaux naturelles. Celles qui sont fabriquées à l'aide d'appareils spéciaux, dits gazogènes, petits et grands, donnent des produits préférables qui se rapprochent plus des eaux naturelles, mais qui, cependant, ne sont pas exemptes d'inconvénients.

Il y a des appareils de telle dimension qui produisent jusqu'à quatre mille bouteilles d'eau gazeuse par jour.

Il se fait une consommation prodigieuse d'eau de Seltz aujourd'hui ; aussi doit-on s'occuper de la produire à bon marché et de la rapprocher le plus possible du type naturel, en recherchant les meilleurs appareils.

Le *soda water* des Anglais n'est qu'une eau de Seltz aromatisée ou parfumée.

Les eaux gazeuses ne sont sujettes à aucune manipulation, si ce n'est la filtration des eaux, avant la fabrication.

Altération et falsification.

Les eaux gazeuses artificielles sont altérées et falsifiées, tantôt avec intention, tantôt accidentellement. Les eaux naturelles ne subissent qu'une altération résultant de la mauvaise manière de les consérver : la putréfaction.

Dans l'eau de Sedlitz artificielle, on a remplacé souvent le sulfate de magnésie par le sulfate de soude, avec addition de quelques gouttes d'acide sulfurique, etc. Cette fraude se reconnaît facilement en traitant le liquide suspect par un carbonate alcalin.

On a préparé aussi de l'eau de Sedlitz avec du carbonate de soude et de l'acide tartrique, ou encore du carbonate de potasse et de l'acide tartrique. Dans ce cas, elle ne renferme que du tartrate de soude ou de potasse et de l'acide carbonique. Elle est alors dénuée des propriétés qu'on recherche dans ce liquide.

La simple dégustation suffit pour découvrir la fraude, car l'eau ainsi préparée diffère complétement de l'eau naturelle.

L'eau de Seltz est sujette à des falsifications ou altérations beaucoup plus nombreuses qui sont presque toujours accidentelles. On y rencontre du zinc, du plomb, du cuivre. Elles sont aussi, parfois, putréfiées et nauséabondes.

Le zinc, le cuivre et le plomb résultent de l'emploi de vases ou appareils vicieux et malpropres, ce qui rend les eaux artificielles dangereuses. Quant à la putréfaction, elle provient de ce que les eaux ont été mal filtrées, ou de ce qu'elles étaient déjà gâtées avant la fabrication. Le consommateur doit donc s'assurer avec soin de la manière dont la fabrication a lieu avant de s'exposer à user de ce liquide. En général, on fait un grand abus de l'eau de Seltz qui, sous prétexte de faciliter la digestion, ruine la santé et l'estomac. Il n'en faut donc user que rarement et en cas de maladie seulement.

ABSINTHE

Composition.

L'absinthe est composée d'alcool, d'eau et d'huile essentielle d'absinthe, d'anis vert et d'autres plantes aromatiques, et d'une matière colorante qui varie selon le mode de fabrication, comme on le verra plus loin.

Il serait assez difficile de donner une analyse exacte de l'absinthe, car cette liqueur a des caractères qui diffèrent, selon la fabrication. Cependant, on peut dire qu'elle se compose assez généralement comme il suit, du moins les absinthes dites de Montpellier et de Pontarlier :

Alcool.	73	»
Eau......................	25	80
Extrait et matières colorantes.	»	75
Huiles essentielles...........	»	45
	100 parties.	

Il y a des absinthes fabriquées sans distillation. Celles-ci diffèrent essentiellement de celles-là, quant à la quantité d'alcool, d'extrait et d'huiles essentielles. On les reconnaît, du reste, assez facilement, quand on a l'habitude de la dégustation.

L'absinthe est une boisson très-dangereuse quand on en fait un usage habituel, en raison de l'énorme quantité d'huiles essentielles qu'elle contient, et surtout de la nature de ces huiles qui sont malfaisantes ; on sait qu'elles sont antispasmodiques prises à petites doses, et, par conséquent, stupéfiantes et narcotiques à hautes doses ou à doses répétées.

Manipulation.

L'absinthe peut être l'objet de quelques manipulations qui en changent la nature ; telles sont la coloration, le remontage, le coupage.

Coloration. — La coloration s'opère de deux manières : avec des plantes dont on extrait la matière colorante (chlorophylle) et avec des substances chimiques.

La coloration qui résulte de l'extrait des plantes disparaît dans un certain laps de temps, quand le liquide est exposé à la lumière ou lorsqu'il contient une trop grande quantité d'eau ; parce que la chlorophylle n'est soluble que dans l'alcool. Si l'absinthe ne titre pas au moins 72 degrés, la chlorophylle se précipite et le liquide ne présente plus qu'une nuance jaune. Pour remédier à cet inconvénient, on a eu recours à deux procédés : la coloration avec des substances chimiques inoffensives, et avec d'autres matières dont l'innocuité n'est pas démontrée. Nous n'avons pas besoin de dire que l'une est permise et que l'autre est illicite comme dangereuse.

Au nombre de ces dernières, nous devons citer celle qui se fait avec le bleu de Prusse, violent poison, que certains droguistes ne craignent pas de vendre et que des fabricants inexpérimentés osent employer.

L'absinthe est, par elle-même, une boisson assez nuisible sans qu'on en augmente encore les effets désastreux par des additions dangereuses. On ne saurait donc trop

se mettre en garde contre l'emploi des substances malfaisantes. C'est surtout dans les absinthes qui ne portent
que 48 à 50 degrés qu'on rencontre ce genre de falsification.

Remontage. — On remonte l'absinthe de plusieurs manières et selon les besoins. Il y a le *remontage alcoolique*,
le *remontage en parfum*, le *remontage en couleur*.

Le remontage alcoolique se fait en ajoutant de l'alcool
à l'absinthe; mais presque toujours il est nécessaire de
remonter en parfum. Cette opération est habituelle et
licite.

Le remontage en parfum se fait en ajoutant des extraits à de l'absinthe affaiblie par l'âge, ou des huiles
essentielles; soit en coupant des absinthes faibles ou
vieilles avec des absinthes fortes ou nouvelles. Il n'y a
rien de coupable dans cette pratique; cependant il est
des cas où le négociant doit avouer cette opération, c'est
ceux où il s'agit de vente d'absinthe de telle ou telle provenance et sous garantie de nature. Dans ce cas, tout
remontage devient une fraude.

Toute absinthe peut être remontée en couleur, sans
inconvénient aucun, le degré de coloration étant indé-
pendant de la valeur et de la qualité. Cependant, on devra opérer le remontage avec des substances inoffensives.

On peut également remonter en couleur une absinthe
vieille ou jaune avec de l'absinthe verte et jeune; dans
ce cas, l'opération est complétement inoffensive si la
coloration est bien faite. Cependant on aurait tort de se
croire à l'abri de toutes recherches; car si l'absinthe
remontée est vieille, la coloration qu'elle a reprise ne
sera pas de longue durée; or, le vendeur a droit de ré-
clamer, si son absinthe perd trop vite sa coloration, parce

que la vente en devient impossible ou ruineuse, et du moment qu'un travail quelconque cause à l'acheteur un préjudice, il lui est dû réparation, à moins qu'il n'ait acheté en connaissance de cause ou sur simple dégustation.

Falsification.

Il y a deux substances employées à falsifier l'absinthe. ce sont le sulfate de cuivre et le bleu de Prusse. Toutes les deux ont pour but la coloration.

Ces matières sont employées sur les absinthes qui ne titrent pas au moins 70 ou 72°, car généralement, quand il est possible de colorer avec les substances salubres, on les emploie. Cependant, il y a tant d'ignorants encore dans la distillation, que très-souvent on rencontre des falsifications qui n'ont d'autre cause que l'incapacité. Il est vrai qu'elles sont à peu près toutes de ce genre; car l'homme initié à la science théorique et pratique ne falsifie jamais, puisqu'il a en son pouvoir tous les moyens de bien faire.

Il y a, indépendamment des substances qui ont pour base la chlorophylle, des matières chimico-végétales qui ont la propriété de donner une coloration très-belle et durable à l'absinthe; mais il est probable que le distillateur ne les ayant pas sous la main, s'empare du premier moyen qui lui surgit pour colorer.

Nous devons dire que l'emploi du bleu de Prusse, comme celui du sulfate de cuivre, constitue une sophistication extrêmement dangereuse que les tribunaux répriment sévèrement. — L'acétate de cuivre a été quelquefois aussi mis en usage, mais nous croyons qu'on le rencontre bien rarement.

KIRSCH

Composition.

Le kirsch naturel est composé d'alcool de cerises, d'eau et d'huile volatile en petite quantité.

La proportion d'alcool est généralement supérieure à celle d'eau.

La quantité d'huile volatile de cerises, ou huile essentielle de noyaux de cerises, est plus ou moins abondante, selon les procédés de fabrication et la nature des fruits.

Le kirsch naturel, quelle que soit sa provenance, se distingue par une finese de goût, une saveur particulière et un bouquet que n'ont point les kirschs fabriqués. Il a aussi, surtout quand il est fraîchement distillé, une saveur légèrement empyreumatique, vulgairement désignée sous le nom de goût de chaudière, qui plaît à certains consommateurs, et quelquefois, dans certaines localités, un léger goût d'amertume particulier.

Le kirsch marchand doit toujours être incolore ; toute trace de coloration indique ou une mauvaise distillation ou un mauvais logement. Le séjour du kirsch dans des fûts lui communique très-rapidement une nuance ambrée et un goût de bois qui lui ôte de la valeur et devient un obstacle à la vente. Un tel kirsch est frappé de vice *rédhibitoire*, qu'on nous pardonne l'expression, de nature à entraîner le refus de la marchandise. Ce défaut est une qualité pour les eaux-de-vie.

Manipulation.

Le kirsch n'est l'objet que d'une seule manipulation, le coupage.

Le coupage du kirsch se fait de deux manières : coupage du kirsch avec lui-même et coupage avec des alcools aromatisés ou kirschs factices.

Le coupage du kirsch avec lui-même a lieu par le mélange de kirsch vieux avec du nouveau, ou de bon kirsch avec du médiocre. Il a pour but de vieillir le nouveau ou de bonifier le médiocre.

Le coupage avec des alcools aromatisés ou kirschs factices a pour but de réduire le prix de la marchandise et d'en faciliter l'écoulement. On vend même une grande quantité de kirschs factices où il n'entre pas de kirsch naturel. Cette opération peut-elle donner lieu à poursuites ? Oui et non ! Oui, si l'on vend le kirsch factice pour du kirsch en nature ; non, si l'on vend ce kirsch pour ce qu'il est et pour ce qu'il vaut, en estimant toutefois le travail et la science de la manipulation.

Dans certaines contrées on mélange aussi le kirsch avec de l'eau-de-vie de prunes ou Kœtschwasser. Ce mélange se reconnaît à la simple dégustation.

Nous ne répéterons pas ici ce que nous avons dit à propos des eaux-de-vie ; nous y renvoyons donc le lecteur ; car les cas sont identiques.

On a cru longtemps que la vente de kirsch fabriqué était une fraude ; mais les tribunaux qui ont eu à juger ces faits n'ont admis la fraude que dans le sens ci-dessus. En effet, comment se ferait-il que ce qui est permis pour l'eau-de-vie fût défendu pour le kirsch.

On rencontre dans le commerce beaucoup de kirschs faits avec de l'alcool dédoublé que l'on connaît sous le nom de *kirsch du commerce ou de fabrication*. Il trouve un placement assez facile quand l'imitation est bonne.

Falsification.

Le kirsch est falsifié quelquefois par l'acide cyanhydrique, l'esprit de feuilles de laurier-cerise et de l'alcool étranger.

L'acide cyanhydrique ou prussique est une falsification dangereuse; aussi est-elle sévèrement punie. L'esprit de feuilles de laurier-cerise, employé à haute dose, est également une sophistication dont l'effet pourrait être dangereux à ceux qui font abus de cette boisson.

Quant à l'addition d'alcool étranger et autres manipulations inoffensives du même genre, elles sont licites au point de vue de la salubrité ; mais elles sont défendues dans les conditions que nous avons énoncées plus haut, c'est-à-dire que toute opération ayant pour but d'altérer la nature du liquide en en diminuant la valeur, peut donner lieu à la rescision de la vente, devant les tribunaux de commerce, et à condamnation en dommages-intérêts.

L'eau-de-vie de prunes, dont nous venons de parler, constitue une falsification quand son mélange n'est pas avoué; ce coupage rentre dans ceux que nous venons de désigner sous le titre d'addition d'alcool étranger. Il subit les mêmes lois et tombe sous l'application des mêmes principes.

Quoi qu'il en soit, le kirsch est l'une des boissons le moins falsifiées par des drogues nuisibles; mais disons toutefois, qu'il est très-rare de le rencontrer en nature. Tel qu'il est généralement, surtout aux pays de production, il peut entrer franchement dans la consommation et dans le commerce.

Certains distillateurs vendent pour du kirsch de l'esprit de noyau. Cette fraude est tellement grossière qu'il est inutile de la signaler; car le consommateur le moins apte à déguster, la reconnaît immédiatement.

RHUM

Composition.

Le rhum devrait être de l'eau-de-vie de canne à sucre, mais il n'est plus que de l'eau-de-vie de mélasse de canne, c'est-à-dire du tafia.

Le rhum est rare et cher, parce que la canne produit plus de bénéfice converie en sucre qu'en eau-de-vie.

Le rhum et le tafia, en sortant de l'alambic, se composent d'alcool, d'eau, d'une huile essentielle et volatile spéciale à la canne et de quelques autres substances en faibles proportions; mais quand ils sont colorés, ils contiennent diverses autres matières connues sous le nom de *sauce*, destinées à augmenter le goût *sui generis* qu'on leur connaît.

Presque tous les rhums et les tafias qui nous arrivent des colonies françaises ou anglaises ont subi quelques préparations dont nous parlerons au chapitre suivant.

Les eaux-de-vie de canne ou de mélasse de canne peuvent être assimilées aux eaux-de-vie de vin, quant à leurs effets sur l'économie animale; mais en général elles sont titrées à un degré supérieur dans le commerce. On les vend sous le nom de rhum de la Martinique, de la Jamaïque, sous celui de rhum anglais, etc. Il est entendu qu'il ne faut pas toujours s'en rapporter à l'étiquette du sac; car ces marchandises sont quelquefois entreposées en Angleterre et elles en sortent souvent avec des noms de provenance en rapport avec le prix que l'on veut les vendre. Il y a dans cette marchandise, comme dans toutes les autres, des qualités fort différentes, dont les prix peuvent varier considérablement.

Manipulation.

Les manipulations que l'on fait subir aux rhums et tafias sont les suivantes : la coloration, le coupage, le sauçage et le bouquetage.

Coloration. — La coloration du rhum se fait comme celle de l'eau-de-vie, à l'aide de caramel de sucre ou de mélasse de canne ; elle est parfaitement inoffensive. Elle résulte aussi de l'envaisselage dans des fûts neufs.

Coupage. — On coupe le rhum avec des alcools de riz, de grains, etc. ; cette opération peut être licite ou illicite. Elle est licite quand le vendeur la déclare ou l'avoue, ou que le prix de vente est en rapport avec le travail de la marchandise ; mais elle devient une fraude s'il y a garantie de pureté, ou si le prix de vente n'est pas réduit dans les proportions exigées par le coupage.

Sauçage. — Les rhums sont plus ou moins saucés. Cette opération a pour but d'augmenter, comme nous venons de le dire, le goût *sui generis* de ce liquide ; elle se fait en ajoutant, dans des proportions variables, de l'alcool dans lequel on a fait infuser diverses substances, comme du tan, de la truffe, etc. Cette pratique est d'une parfaite innocuité ; elle est tolérée par le commerce forcément, parce que cette marchandise subit cette préparation aux pays mêmes de production, et que s'il fallait la proscrire, il faudrait proscrire la marchandise elle-même.

Le sauçage a lieu aussi en France; mais alors il sert à relever les rhums qui ont été coupés ou allongés avec de l'alcool.

Bouquetage. — Le bouquetage est le complément du sauçage et du coupage; il se fait en brûlant dans les fûts qui doivent contenir le rhum saucé, coupé, de la paille sur laquelle on a jeté du goudron. Cette opération, comme le sauçage, peut être licite ou illicite, et dans les mêmes conditions; elle se relie intimement au coupage.

Falsification.

Le rhum est l'objet de diverses falsifications, toutes de nature commerciale, c'est-à-dire qu'aucune n'est dangereuse au point de vue de la santé du consommateur, que nous sachions du moins.

Les falsifications les plus communes consistent dans le coupage avec des alcools d'industrie. Ainsi que nous l'avons dit, tout coupage qui n'est pas avoué à l'avance, ou tacitement par la réduction de prix, en dehors des garanties d'usage, est considéré comme une falsification, et peut donner lieu à des condamnations diverses.

Nous ne parlerons pas des autres falsifications, elles résultent des diverses manipulations secrètes qui varient suivant les localités et des circonstances particulières que nous ne pourrions sûrement consigner ici.

Il nous a été soumis bien des échantillons de rhum et nous n'en n'avons jamais rencontré de malfaisant.

Il y a fréquemment des rhums qui contiennent de l'eau de mer. Cette fraude, commise à bord des bâtiments de transport, se reconnaît facilement. Les destinataires doivent donc s'assurer de la pureté de la marchandise avant de l'enlever.

Le débitant qui sert du rhum qu'il sait allongé, coupé ou travaillé, doit, pour éviter tout reproche et se mettre à l'abri de poursuites, faire la différence de prix au consommateur; car il est évident que s'il lui vend cette marchandise le même prix que du rhum en nature, il y a tromperie, surtout si le client demande du *vrai rhum*. Dans ce cas, il y a intention certaine de fraude, et il peut s'ensuivre un procès qui se terminerait par la condamnation du débitant. Il en est, du reste, de même pour toutes les autres marchandises au détail.

S'il n'est pas interdit de travailler les liquides pour les mettre en rapport avec les goûts du public et aussi pour en diminuer le prix de revient, il va de soi que le prix doit rester au détail ce qu'il est en gros, toute proportion gardée. Les débitants ne sont pas en général pénétrés de cette vérité, et il serait utile qu'ils le fussent; car ce serait le moyen d'éviter des déceptions dont ils sont toujours les premières victimes.

Le débitant a le tort très-grave de croire que le bon marché ne doit profiter qu'à lui. C'est une grosse erreur dont il faut qu'il se désabuse. La manipulation des liquides n'est autorisée qu'à la condition qu'elle soit un profit pour tout le monde : aussi bien pour le consommateur au détail que pour le marchand en gros et le débitant. En toutes choses, il faut considérer l'intérêt général comme but : c'est ce que plusieurs oublient.

LIQUEURS

Composition.

Les liqueurs se composent d'alcool, de sucre, d'eau et de parfums qui sont presque toujours des huiles essentielles ou des extraits.

Les proportions de ces substances varient considérablement, selon la qualité des liqueurs, qu'on divise en quatre classes : les liqueurs ordinaires, les liqueurs demi-fines, les liqueurs fines et les liqueurs surfines. Elles contiennent assez généralement les proportions suivantes de chaque substance pour un litre :

Liqueurs ordinaires.

Eau....................	720 gr.
Alcool.................	200
Sucre.................	180
Poids du litre........	1100

Liqueurs demi-fines.

Eau....................	665 gr.
Alcool.................	225
Sucre.................	250
Poids du litre........	1140

Liqueurs fines.

Eau.......................	600 gr.
Alcool,..................	260
Sucre....................	320
Poids du litre........	1180

Liqueurs surfines.

Eau.......................	500 gr.
Alcool...................	350
Sucre...................,	400
Poids du litre........	1250

Aujourd'hui on remplace une grande partie du sucre par du sirop de fécule, alors le poids de la liqueur est augmenté ; très-souvent, aussi, la proportion d'alcool est un peu plus élevée. C'est alors celle d'eau qui diminue. Il y a des liqueurs qui pèsent jusqu'à 48° à l'alcoomètre et jusqu'à 26° au pèse-sirop.

Manipulation.

Tout est manipulation dans la fabrication des liqueurs ; toutefois, nous ne parlerons que de la clarification, de la coloration et de la substitution de la glucose au sucre.

Clarification. — La clarification s'obtient par la filtration et le repos ; mais dans certains cas on a trouvé dans les liqueurs des matières nuisibles que nous ne voulons pas indiquer ici, qui y avaient été mises pour précipiter les huiles essentielles en suspension qui rendaient le liquide laiteux : cette falsification est coupable à tous les points de vue. On colle les liqueurs comme le vin ; cette pratique est parfaitement licite.

Coloration. — La coloration en général est bien faite ; cependant, on a constaté, quelquefois, la présence de substances nuisibles dans les liqueurs colorées en vert. Dans la chartreuse imitée, on a rencontré du cuivre provenant de la matière colorante.

Glucose. — Dans toutes les fabriques de liqueurs on emploie le sirop de glucose pour donner du moelleux, du velouté aux liqueurs, surtout depuis que l'on emploie l'alcool d'industrie à cette fabrication. Cet alcool étant très-sec et mordant, on a essayé de parer à cet inconvénient par l'addition du sirop de fécule ou de froment ; mais en vain. L'alcool d'industrie ne servira jamais qu'à faire des liqueurs médiocres, surtout quand elles ont vieilli. Cette manipulation n'est tolérée que dans les liqueurs inférieures ; pratiquée sur des liqueurs fines, elle peut donner lieu à rescision de vente, si le prix n'est pas en rapport avec la valeur de la marchandise ou les usages de la maison.

On a employé aussi, quelquefois, dans le même but le mucilage de la graine de lin et de la guimauve ; ils ont la propriété de donner du moelleux et un peu d'onctuosité. Cette pratique est coupable employée sur les liqueurs fines ou d'un prix élevé.

Falsification.

Les liqueurs sont peu sujettes aux falsifications proprement dites, elles donnent plutôt lieu à la fraude qu'à la falsification. Néanmoins, on a constaté ces dernières, plusieurs fois, par la présence du cuivre, du zinc, du plomb.

Ainsi que nous l'avons dit, le cuivre a été employé pour produire la couleur verte dans la chartreuse *imitée*, le plomb a servi de moyen de clarification ; mais le plus souvent leur présence ne saurait être attribuée qu'à la malpropreté des vases employés à la fabrication. Le zinc, particulièrement, se trouve dans ce cas.

S'il y a des distillateurs soigneux, il y en a beaucoup plus qui ne le sont pas. Or, quand les vases en cuivre non étamés, les filtres, conges, seaux, brocs, robinets en métal, sont en de telles mains leur officine n'est plus qu'un laboratoire à empoisonnement.

L'usage de tels vases est proscrit, ce nous semble, et il ne serait pas mal que cette proscription fût observée. En effet, les liqueurs alcooliques contiennent toujours une partie plus ou moins grande d'acide et leur séjour suffit pour attaquer les métaux que nous venons de nommer. Cette action, jointe à celle produite par l'oxygène de l'air, est bien suffisante pour produire des effets dangereux.

L'action de substituer du sirop de fécule (sirop qu'on décore du nom de sirop de froment quand il est blanchi) au sucre ne saurait précisément constituer une falsification, c'est bien plutôt une fraude marchande, car si le sirop de fécule ne vaut pas le sirop de sucre, il n'est pas dangereux, quelle que soit, du reste, la proportion dans laquelle il entre. Il en est de même des mucilages ou décoctions de graines de lin, guimauve, etc.

Néanmoins, ces fraudes peuvent tomber sous l'application de la loi des falsifications, rigoureusement, parce qu'elles peuvent compromettre la conservation des liquides et les altérer profondément. Nous avons eu connaissance que des liqueurs qui contenaient dés sirops de fécule, expédiées aux Antilles et à Rio-de-Janeiro, y sont arrivées complétement décomposées.

La glucose ne saurait entrer dans la composition des liqueurs destinées à voyager, parce qu'elle subit rapidement la fermentation et s'altère promptement, si la proportion d'alcool n'est pas considérable.

Le bon marché est un besoin impérieux à satisfaire et auquel le fabricant de tout produit doit se prêter ; mais s'il doit lui obéir, il doit aussi se tenir dans de justes limites, afin que la marchandise ne se détériore pas et reste ce qu'elle est au moment de la fabrication ; autrement il y aurait un véritable vice rédhibitoire, vice caché qui constitue la tromperie sur la nature de la chose vendue.

SIROPS

Composition.

Les sirops de débitants sont des composés de sucre, d'eau, d'une substance spéciale (gomme, mucilage, fruits, etc.) et de parfum, excepté le sirop simple, qui ne contient que du sucre et de l'eau.

De toutes les boissons celles-ci sont les plus inoffensives et les moins travaillées.

Les sirops de débitants se réduisent à quelques-uns : sirop de gomme, de vinaigre, de groseille, d'orgeat ; tels sont les plus usités.

Le sirop de gomme, comme l'on sait, est fait avec de la gomme, de l'eau et du sucre ; le sirop de vinaigre est du vinaigre ajouté à du sirop de sucre ; le sirop de groseille est composé de sucre dans lequel on a mis du suc de groseille, et le sirop d'orgeat, du lait d'amandes amères. Là se borne à peu près la liste des sirops de débitants. Nous allons examiner à quel genre de travail et d'appréciation ils sont soumis.

Manipulation.

La manipulation des sirops est à peu près nulle ; elle consiste à colorer les sirops de groseilles avec du vin rouge de Narbonne, ou avec d'autres substances propres à la confiserie, à augmenter la quantité d'eau normale, et à ajouter de la glucose ou du sirop de froment ou de fécule, ce qui est absolument la même chose.

Toutes ces manipulations sont considérées comme des falsifications, bien qu'elles soient permises dans les autres boissons. Pour ne pas anticiper sur le chapitre *falsifications* et aussi pour éviter les redites, nous allons passer de suite à cet article, afin de joindre ce que nous pourrions dire ici aux observations que nous avons à faire à propos des falsifications par ces préparations.

Falsification.

Le mot de falsification implique une action coupable. Appliqué à des sirops qui ne contiennent rien de nuisible, à des sirops de café et de cabaret, il n'a pas de raison d'être. Cependant on poursuit et l'on condamne tous les jours les débitants et les limonadiers pour vendre des sirops de gomme qui contiennent de la glucose, des sirops d'orgeat, etc., qui ne sont point fabriqués d'après le codex.

Il y a là une erreur évidemment.

Que l'on condamne un pharmacien pour débiter des drogues préparées contrairement au codex, rien de mieux; mais un débitant est-il comme le pharmacien, obligé de vendre des sirops préparés pour l'usage médical et suivant le codex? Il suffit de voir à quelle clientèle il s'adresse pour reconnaître que ceux qui boivent ces sirops ne les prennent pas comme des médicaments et que le client du débitant n'est point un malade, mais un homme qui se moque de la pharmacie et de la médecine, quand il est au café ou au cabaret.

Entre le débitant et le pharmacien la différence est bien tranchée; l'un n'est pas l'autre : on ne prend jamais le premier pour le second et *vice versa*. Il est donc de la plus grande importance que cette distinction soit faite et appréciée.

Nous ne considérons pas comme falsification l'addition d'eau et de glucose dans les sirops, et nous engageons tous ceux que cela intéresse à faire faire le redressement de l'erreur que nous venons de signaler. En effet, pourquoi ces additions? pour réduire le prix de la marchandise. Pendant que le pharmacien vend 4 et 5 francs un litre de sirop, le débitant le vend 2 fr. 50 cent. Qui donc a le droit de se plaindre? Personne, puisqu'on a de la marchandise pour son argent. Si l'on obligeait le débitant à vendre son sirop le même prix que le pharmacien, il n'en vendrait pas, parce que ce n'est point une médecine que le consommateur veut, mais une boisson qu'il recherche : donc pas de confusion.

Il n'est pas à notre connaissance que les sirops aient été l'objet de falsifications au point de présenter du danger pour la santé publique. S'il y avait des falsifications nuisibles, elles seraient certainement dues à la négligence ou au hasard ; car ni le fabricant ni le débitant n'ont intérêt à falsifier cette marchandise.

Il est à désirer que toute confusion cesse d'exister devant la loi, à propos de sirops, entre le pharmacien et le débitant ; car elle n'existe pas en réalité. Il est évident qu'en astreignant le débitant à vendre du sirop médicinal, on porte atteinte à la liberté de son commerce, et qu'on empiète sur celui du pharmacien qui a seul le droit de vendre des médicaments : deux inconséquences.

VINAIGRE

Composition.

Le vinaigre se compose d'eau, d'acide acétique et d'une faible quantité de sels organiques ; le tout dans des proportions variables.

On a donné le nom de vinaigre à toutes les substances alcooliques acétifiées. On dit : vinaigre de vin, de bière, de cidre, de poiré, d'alcool, etc., selon que le vinaigre provient du vin, de la bière, du cidre, du poiré ou de l'alcool.

On donne aussi le nom de vinaigre à l'*acide pyroligneux* (acide de bois) allongé, mais c'est improprement ; car cette substance acide ne résulte point de la décomposition d'un alcool quelconque. Cependant, il possède toutes les qualités physiques du vinaigre.

On fait également du vinaigre avec des matières sucrées, telles que la mélasse, le sirop de fécule, le grain, etc. Tous ces vinaigres ne diffèrent que par le genre de sels propres à chacun d'eux. Ainsi on trouve qu'en moyenne le bon vinaigre de vin contient 2 gr. 05 cent. de bitartrate de potasse par litre, tandis que le vinaigre de fécule n'en contient pas ou presque pas.

Le bon vinaigre de vin est limpide, sans âcreté, sans saveur empyreumatique ; il n'agace pas les dents, c'est-à-dire qu'elles ne sont pas rugueuses au contact de la langue. Sa densité est de 1018 à 1020 ; il marque donc au pèse-liqueur de Baumé 2° 50 à 2° 75. Il sature de 6 à 8 pour 100 de son poids de carbonate de soude pur et desséché.

Manipulation.

Les manipulations que l'on fait subir aux vinaigres sont les suivantes : coloration, coupage, clarification, remontage, bouquetage.

Coloration. — On colore les vinaigres en rouge et en jaune ambré au moyen de diverses substances. Cette opération est toujours faite avec des matières inoffensives et d'une innocuité parfaite, du moins, nous n'avons pas connaissance qu'il en ait été autrement. Cette pratique est donc complétement licite. Cependant, il ne faudrait pas en conclure que le négociant fût autorisé à vendre du vinaigre d'alcool coloré en rouge pour du vinaigre de vin. Il y aurait alors tromperie sur la nature de la chose vendue et on sait d'avance ce qui peut en résulter.

Coupage. — On coupe le vinaigre comme on coupe le vin. Tant que ces mélanges sont avoués ou les prix abaissés, il ne saurait y avoir de fraude, puisqu'on pratique les mélanges dans un but d'intérêt général : le bon marché. Mais si l'on abuse de ces mélanges pour tromper la confiance de l'acheteur, ce travail prend les caractères de la falsification ou tout au moins de la tromperie. Tout mélange bien fait et inoffensif est une opération loyale, mais à la condition que le prix soit en rapport avec la valeur réelle de la marchandise, tout en laissant une latitude pour la rémunération du travail ; cela se conçoit. Si l'on pratique un mauvais coupage, le manipulateur y perd ; s'il est bon, il doit en profiter dans de justes limites, qui tombent peut-être sous l'appréciation du juge et de l'acheteur.

Clarification. — On clarifie le vinaigre par des moyens spéciaux qui n'ont aucune influence sur sa qualité ni sur sa nature (1). Cette opération est toujours inoffensive.

Remontage. — On nomme remontage l'opération par laquelle on donne de la force à un vinaigre trop faible en l'additionnant d'un vinaigre plus fort. Quelques praticiens emploient des aromates, tels que le poivre, le piment, etc., pour lui donner de l'âcreté et du piquant. Il y a donc trois manières de remonter le vinaigre : 1° en coupant un vinaigre faible avec un vinaigre fort; 2° en y ajoutant de l'acide acétique ou pyroligneux rectifié; 3° en y introduisant des substances étrangères. La première opération seule est permise, les deux autres peuvent être assimilées à la fraude si le vendeur garantit son vinaigre comme vinaigre de vin; mais s'il avoue l'opération et qu'il vende la marchandise à sa valeur réelle, il ne saurait y avoir de poursuites sérieuses, ce coupage rentrant dans la série de ceux que la loi permet. Il en est de même de l'addition du piment, du poivre, etc., qui sont choses licites quand on ne les emploie pas pour tromper l'acheteur, qui a du reste l'acétimètre pour mesurer le degré de la marchandise qui doit être au titre énoncé.

Le marchand qui vend du vinaigre au détail, n'a aucune provenance à énoncer; c'est au public à juger la marchandise et à l'apprécier : chacun son goût. Cependant il ne pourrait se prévaloir de cela pour vendre de l'acide acétique allongé le même prix que le vinaigre.

Bouquetage. — Le bouquetage des vinaigres est pratiqué sur les vinaigres d'alcool d'industrie et autres que

(1) Voir le Manuel de *l'amélioration des liquides*, 1 vol. in-18, 3 fr., à la librairie encyclopédique de Roret, rue Hautefeuille, 12, à Paris.

les vinaigres de vin. Cette opération a pour but de donner du parfum au liquide et de le rendre plus agréable en le rapprochant du vinaigre de vin : elle est parfaitement inoffensive et licite.

Falsification.

Le vinaigre peut être l'objet de nombreuses falsifications ; mais elles sont relativement peu fréquentes. Elles sont de deux sortes : les falsifications inoffensives et les falsifications dangereuses.

Au nombre des premières on compte l'addition d'eau qui est la plus commune et la plus grossière, l'addition d'acide acétique pyroligneux et des autres substances que nous avons signalées au chapitre précédent,

Quant aux falsifications dangereuses, ce sont celles qui consistent dans l'addition de substances nuisibles, telles que l'acide sulfurique, l'acide nitrique, l'acide chlorydrique, oxalique, le zinc, le cuivre, l'arsenic. Ces matières, à l'exception de quelques-unes, ne se rencontrent qu'accidentellement dans le vinaigre, les autres y sont parfois ajoutées pour le remonter. Ces falsifications sont sévèrement réprimées dans l'un comme dans l'autre cas. Le zinc, le cuivre, l'arsenic ne proviennent que des vases ou des robinets en métal qui ont contenu le vinaigre. On doit donc proscrire entièrement l'emploi de tels récipients.

Par l'analyse chimique on constate facilement toutes les falsifications dont nous venons de parler ; les falsificateurs ne doivent donc pas compter sur la possibilité de faire prendre le change sur leurs coupables manœuvres.

DE LA FALSIFICATION EN GÉNÉRAL

La falsification proprement dite est un acte blâmable, criminel même, qui doit soulever la réprobation universelle. Nous avons, dans le cours de ce petit ouvrage, essayé de la déconcerter et de la dénoncer tout en faisant la part des besoins et des habitudes commerciales qui pèsent très-lourd dans la balance.

Nous nous sommes attaché à rester dans le vrai, dans le sens pratique, loyal, dans le possible ; nous ne savons si nous y avons réussi, ni même si nous nous sommes bien fait comprendre : nous l'espérons.

On n'est pas et on ne sera pas d'accord de longtemps sur certaines questions. Les praticiens et les législateurs ne s'entendent que rarement. Cependant il serait bien utile qu'il n'y eût pas deux courants d'idées, en sens opposés. Les uns objectent la loi, et la loi doit et veut être respectée ; les autres objectent l'usage, et l'usage est plus fort que la loi, car c'est de lui que doit découler la loi. Comment sortir de ces questions toujours posées et jamais résolues, quoique sans cesse renaissantes ?

A ces complications il en est une autre non moins déplorable. Quand une question de fraude ou de falsification est soulevée, qui consulte-t-on ? de qui prend-on l'avis ? Est-ce des commerçants ? est-ce des praticiens ? des hommes éclairés désignés par l'opinion publique ? Nullement. On s'adresse à un pharmacien, ou au premier chimiste venu, hommes parfaitement ignorants des habitudes, des usages et des besoins du commerce. Qu'en résulte-t-il ? Que le plus honnête négociant est convaincu

de falsification, et que l'honnêteté d'une honorable maison ne trouve pas grâce devant le creuset de cès messieurs.

La falsification nous inspire de l'horreur, une répul-
sion indicible contre celui qui nous semble l'avoir pratiquée. Mais, quand nous voyons cette qualification appli-
quée par erreur ou dans des circonstances douteuses,
nous en ressentons une impression des plus pénibles.
Citons quelques exemples pour démontrer qu'il se glisse
de regrettables erreurs dans l'appréciation des experts.

Un pharmacien, appelé à juger de la pureté d'un vin,
l'a déclaré falsifié par une addition de 10 pour 100 d'eau.
Était-il sûr de ses calculs ? A bon entendeur, salut !

Un professeur de chimie trouve du plâtre dans du vin ;
il n'a pu apprécier au juste la quantité, et cependant il
déclare le vin falsifié. Nous supposons qu'il ignorait la
pratique du plâtrage.

Un chimiste découvre de l'alun dans du vin et déclare
qu'il y a là une abominable falsification ; il évalue à
deux grammes par litre la quantité d'alun contenue dans
ce vin et il fait condamner, par ce fait, le vendeur
qui ne se doutait pas que dans la localité où il a acheté
son vin on est dans l'usage de mettre de 500 à 600 grammes d'alun par pièce de vin de 230 litres. Or, qu'est-ce
que l'alun ? Un poison, dit le chimiste ! Consultons Or-
fila, homme compétent, que répond-il ? Que 240 grammes d'alun administrés en trois jours à un chien n'ont
pu ni l'empoisonner ni altérer sa santé.

Le vin contenait 2 grammes d'alun par litre ; en admet-
tant que le consommateur en eût absorbé 1 hectolitre par
jour, il n'y avait encore pas de danger pour lui. Quant à
nous, qui ne sommes point médecin et qui n'avons pas

même envie de l'être, nous croyons que l'alun peut remplacer le tannin et être un agent utile plutôt que nuisible. Poursuivons la fraude, mais de grâce n'en soyons pas les Don Quichotte.

A Argenteuil, on met souvent jusqu'à 400 grammes d'alun par pièce de vin. Eh bien ! nous avons bu pendant plusieurs années, tous les jours, plus de 2 bouteilles de ce vin aluné : nous prenions donc, environ, 4 grammes d'alun par jour. Nous ne nous sommes jamais aperçu d'aucun malaise, ni personne de notre famille, et nous ne pensons pas qu'un seul individu de ceux qui ont bu les 80 mille pièces récoltées cette année-là, ait été malade. Voilà l'importance qu'il faut attacher aux paroles de ces poltrons chez qui la frayeur fait dire plus de mensonges involontaires qu'il n'est possible d'en citer.

Nous voudrions voir les falsifications se diviser en deux catégories : les falsifications inoffensives et les falsifications dangereuses pour la santé publique. Les premières seraient déclarées purement commerciales et se videraient devant le tribunal de commerce ou le tribunal civil; les secondes relèveraient de la police correctionnelle.

Les falsifications qui ont pour but *d'allonger la marchandise* ou d'en réduire le prix de revient, sont d'essence purement commerciale. Leur répression par un tribunal de commerce entraînerait certainement des conséquences beaucoup plus sérieuses que celle de la correctionnelle, parce qu'elle aurait lieu dans un milieu commercial et que tout individu qui aurait subi une condamnation serait connu immédiatement de tous ses collégues, de ses clients et de ceux avec qui il est en rapport : chose toujours fort grave, parce qu'elle suffit, souvent, pour anéantir le crédit d'un négociant.

Il serait à désirer que l'on pût rayer du dictionnaire français le mot falsification comme étant devenu inutile ; malheureusement il n'en est pas, et n'en sera pas ainsi jamais. Mais, au moins, ne cherchons pas à effrayer le consommateur, à l'impressionner de telle manière qu'il ne voie plus que falsifications, et c'est précisément ce que font certaines gens ; ils crient toujours et partout : A la falsification ! aux falsificateurs !

Que dirait-on d'un poltron qui se tiendrait à l'entrée d'un bois et qui dirait à tous ceux qui se présenteraient pour le traverser : « N'entrez pas dans ce bois, vous y ren- » contrerez des malfaiteurs qui vous dépouilleront, vous » dévaliseront, s'ils ne vous assassinent pas. » On arrêterait cet homme comme coupable de troubler la tranquillité publique, et on aurait raison. Est-ce que le poltron qui voit des falsificateurs là où il n'en existe pas, n'est pas exactement comme le poltron qui voit des voleurs où il n'y en a pas? Est-ce que l'un et l'autre ne troublent pas la tranquillité publique? Ces peureux ne sont pas rares, nous allons le prouver.

Un pharmacien d'une petite ville de province, appelé à juger de la pureté d'une eau-de-vie, avait rédigé son rapport à peu près dans les termes suivants :

« J'ai reconnu que l'eau-de-vie saisie n'est composée que de trois-six allongé d'eau, ce qui constitue une première falsification ;

» Que ladite eau-de-vie est colorée avec du caramel ou du sucre brûlé, ce qui est une seconde falsification ;

» Que cette eau-de-vie ne porte que 46 degrés centésimaux, au lieu de 58 à 59 degrés que titrent les eaux-de-vie de Cognac, etc..., troisième falsification !»

Arrêtons-nous et mettons quatre points d'admiration !!!!

Mais, ô naïf expérimentateur, où avez-vous vu qu'il soit défendu d'allonger ou de dédoubler les trois-six?

Où avez-vous vu ou bu de l'eau-de-vie non colorée avec le sucre brûlé ou un autre colorant?

En existe-t-il dans le commerce?

Buvez-vous? Avez-vous vu quelqu'un boire de l'eau-de-vie à 59 ou à 60 degrés? Croyez-vous que celle qui se débite partout à 48 degrés soit abaissée par l'âge et non avec de l'eau?

Il faut être bien naïf, pour ne pas dire plus, pour formuler un tel jugement. Cependant, les négociants sont tous les jours exposés à voir leurs affaires soumises à l'expertise de gens de cette force.

Un limonadier s'avise un jour de jeter dans de l'eau-de-vie deux litres d'eau de noyaux. L'eau-de-vie est saisie, le chimiste y découvre la présence de l'acide cyanhydrique, et le limonadier est condamné comme falsificateur. L'eau de noyaux, ou la crème de noyaux, car c'était ainsi étiqueté si nous avons bonne mémoire, est donc un poison?

Voici maintenant un autre ordre de falsification.

Un jour, nous fûmes apostrophé par un débitant de la manière suivante : « Je viens d'être condamné pour avoir mis un sixième d'eau dans mon vin. Je vends le litre de vin pur, comme mes confrères, 70 cent., et celui mouillé d'un sixième d'eau 55 cent.; soit, 3 fr. 50 cent. les cinq litres de vin pur, et 3 fr. 30 cent. les six litres de vin mouillé. Non-seulement je ne bénéficie pas sur le mouillage, mais encore je perds 20 cent. et le prix de l'eau. Comment se fait-il qu'on ne reconnaisse pas cette vérité? Pourquoi enfin, suis-je coupable et condamné? »

Nous lui répondîmes : *Parce que votre travail n'est ni connu ni avoué.* Si vous disiez à votre client : je vends le vin pur 70 cent., et le vin contenant un sixième d'eau 55 cent., il nous semble que la fraude disparaîtrait.

« Soit, dit-il, je vais faire afficher cela dans mon établissement, et nous verrons la suite. »

Nous ignorons si le marchand de vin tint parole, mais dans le cas où cette déclaration serait faite d'une manière ostensible, c'est-à-dire affichée en gros caractères dans l'établissement, nous ne comprendrions guère qu'il pût être inquiété. Nous engageons les débitants à méditer cette idée, car il est à présumer qu'elle arrêterait toute condamnation. On saurait, puisque personne ne pourrait l'ignorer, que le vin à 55 ou 60 cent. contient de l'eau dans la proportion de la réduction du prix.

Quoi qu'il en soit, nous en avons assez dit pour démontrer qu'il est très-dangereux de faire juger par la théorie des faits pratiques. Nous pourrions multiplier les citations de ce genre, car elles ne manquent pas dans les annales du commerce des liquides. Nous formons des vœux pour que la saine vérité se fasse jour et pour que les falsificateurs réels, coupables, disparaissent à tout jamais, comme les peureux qui voient des monstres partout, et qui sont sans cesse sous l'influence du cauchemar de la falsification.

NOMS, COULEUR, CARACTÈRES ET QUALITÉS

DES PRINCIPAUX VINS DE FRANCE

L'aï blanc est léger, fin, pétillant et mousseux.

Le vin d'Alsace : le blanc est sec et capiteux ; il jaunit fortement en vieillissant et devient légèrement amer. Ce vin, ainsi que ceux de l'Allemagne, sont connus sous la dénomination de vins du Rhin.

Le vin d'Anjou est rouge et spiritueux, très-généreux. Il faut le garder plusieurs années en fûts avant de le mettre en bouteilles.

L'arbois, rouge et blanc, est léger, pétillant et peut être bu la première année.

L'auxerre est rouge, généreux ; il se conserve bien ; on peut le boire la seconde année.

L'avallon est rouge, d'un bouquet très-agréable et se conserve bien.

Le bagnols est rouge, spiritueux ; il met ordinairement trois ans à mûrir. Les bagnols-sur-mer sont très-spiritueux et agréables ; en vieillissant, ils prennent une teinte dorée et se rapprochent un peu du rancio d'Espagne.

Le bar-le-duc est rouge, léger, très-agréable, mais d'une conservation difficile au delà de six ans.

Les barzac (Gironde) ressemblent un peu au sauterne, mais ils sont beaucoup moins fins et plus spiritueux.

Les beaugency sont des vins rouges un peu âpres, ayant très-peu de bouquet ; ils se conservent bien et mûrissent lentement.

Les beaune sont des vins rouges, très-francs de couleur et de goût ; ils ont beaucoup de chaleur et de bouquet ; ils jouissent d'une grande renommée depuis Louis XIV, qui les mit en honneur, d'après les conseils de Fagon, son médecin. Le beaune est le rival du bordeaux, il le dépasse en bouquet.

Les bergerac blancs sont très-estimés dans le Midi ; ils sont liquoreux, spiritueux et d'une couleur d'or. Le meilleur cru est celui de Montbazillac.

Les blanquettes sont des vins blancs spiritueux, mousseux et d'un goût très-agréable. La blanquette de Limoux est considérée comme le champagne du Midi.

Les bordeaux : les vins rouges sont généralement un peu âpres et très-chargés de tannin, signe caractérisque de leur origine ; les vins blancs, un peu durs après la récolte, prennent aussitôt un bouquet des plus parfumés et une saveur délicieuse.

Les cahors sont des vins rouges, acides, âpres et bons surtout pour colorer les autres vins. En vieillissant, ils perdent leur âpreté et sont alors très-estimés des gourmets.

Les chablis sont d'une blancheur transparente, parfumés, vineux et très-agréables.

Les chambertin rouges sont moelleux, corsés, colorés, fins et d'un bouquet suave ; on en récolte très-peu. Chambertin est considéré par plusieurs œnologues comme l'un des premiers crus de la Côte-d'Or.

Les champagnes : il y en a de blancs, de rouges, de gris paille, de mousseux et non mousseux. Le champagne blanc mousseux est un vin préparé : la nature n'a pas tout fait.

Les châteaux-margaux (Médoc) sont des vins rouges, très-moelleux, et ont un bouquet des plus agréables.

Le clos-vougeot (Côte-d'or) est rouge, très-parfumé; spiritueux, corsé, savoureux; on le reconnaît à un léger goût de framboise exquis ; c'est sans contredit le meilleur vin de la Bourgogne.

Les condrieux sont des vins blancs corsés, spiritueux, qui prennent une couleur d'ambre en vieillissant.

Les vins de Côte-Rôtie sont très-chauds, très-spiritueux, et gagnent beaucoup en vieillissant.

Les coulange sont rouges et très-vineux ; ils manquent de sève et de bouquet.

Les vins d'Epernay sont rouges, paillés, rosé blanc, mousseux et non mousseux. Le champagne d'Epernay est très-estimé dans toute l'Europe.

Les fontignan sont des vins blancs, jaunes et ambrés; on les reconnaît à leur douceur et à un goût prononcé du fruit qui les produit (le raisin muscat).

Les graves (Gironde) : les blancs sont principalement très-estimés; on les reconnaît à leur saveur et à leur mordant.

Le haut-brion (Médoc) est un vin rouge âcre et spiritueux; il a besoin de huit années pour acquérir sa parfaite maturité; ils est alors très-estimé des gourmets.

Le haut-silléry: vin blanc d'une saveur très-agréable. C'est après le sillery le meilleur vin de la Champagne.

L'ermitage est un vin rouge, d'une saveur très-spiritueuse; plusieurs œnologues le mettent au même rang que les meilleurs produits de la Gironde et de la Bourgogne.

Le vin de Joigny est léger, délicat, très-agréable.

Le vin de Jurançon (Basses-Pyrénées) est rouge, paillet, spiritueux ; il a un joli bouquet mais il porte beaucoup à la tête.

Le laffitte (Médoc) est rouge, léger, très-fin ; il a beaucoup de bouquet, avec une saveur de violette et de framboise.

Les lunel sont blanc, jaune ambré, très-parfumés ; ils ressemblent beaucoup au frontignan.

Le mâcon est rouge, corsé, fumeux, spiritueux ; il se conserve bien, et, de plus, il a un bouquet très-agréable.

Le mercurcy est rouge, d'un joli bouquet et d'une saveur très-franche.

Le margaux est un vin qui ressemble beaucoup au volnay ; il est plus sec et plus ferme, et d'une très-bonne conservation.

Les nuits sont des vins rouges, corsés, un peu durs, mais d'un bouquet agréable ; il ne faut les boire qu'au bout de trois ou quatre ans.

Les vins orléanais sont d'une saveur très-vineuse, mais sans le moindre bouquet.

Les vins de Pierry (Marne) sont rouges et blancs ; on les reconnaît à un goût très-prononcé de pierre à fusil.

Les poligny sont rouges, pleins de feu, avec un bouquet délicieux.

Le pomard est un vin rouge foncé, très-généreux ; il se perfectionne en vieillissant.

Le pouilly est un vin blanc fin, spiritueux et d'un bouquet très-agréable. Pouilly-sur-Loire produit aussi des vins blancs très-parfumés, avec une saveur de pierre à fusil.

Les riceys : il y en a de rouges et de blancs. Ces vins

sont spiritueux, pleins de feu, d'un goût très-agréable ; ils ne sont vraiment mûrs qu'après trois années de fût.

Les richebourg sont des vins rouges légers, moelleux et généreux ; on les reconnaît à leur bouquet.

Les rivesaltes : il y en a de rouges et de blancs. Ces vins sont généreux, chaleureux, liquoreux, parfumés. Ils occupent un des premiers rangs dans l'œnologie française.

Le romanée est un vin d'un rouge rubis, ayant beaucoup d'arome ; il est fin, spiritueux, très-agréable, et se vend fort cher, parce qu'on en récolte fort peu.

Le romanée-conti est un vin rouge qu'on reconnaît à son bouquet vineux ; il est moins fin, moins estimé que le romanée.

Les roussillon sont des vins très-rouges, très-capiteux, et dont on se sert pour colorer et fortifier des vins faibles.

Le saint-émilion est un vin rouge d'une belle couleur il se conserve bien ; il a un peu du bouquet des vins du Médoc. Saint-Émilion est classé parmi les bons crus de la Gironde.

Le saint-péray est un vin blanc très-délicat, spiritueux, mousseux et sentant la violette.

Le sauterne est l'un des meilleurs vins blancs de France. Le vin rouge de ce même cru est moelleux, corsé, d'un bouquet aromatique très-agréable.

Le sillery est blanc, un peu ambré ; il dispute le premier rang au sauterne ; il est moins corsé, moins spiritueux.

Le tavel est un vin rouge très-fin, très-parfumé. C'est un vin de dessert.

Les thorins sont rouges, d'un bouquet très-franc et d'une sève assez agréable ; ils supportent les plus longs voyages.

Le tonnerre est un vin rouge très-corsé, d'un goût agréable; il est sujet à devenir amer en vieillissant.

Le torémila est un vin de liqueur qui porte plus communément le nom de rancio; il n'a toutes ses qualités qu'à l'âge de dix ou douze ans.

Le volnay est rouge, d'un bouquet et d'une saveur fort agréables; c'est un des bons vins de la Bourgogne.

Le vin de Vosne ressemble un peu au vin de Nuits ; il est plus ferme, plus agréable.

Les vouvray sont des vins blancs très-estimés; ils sont doux et liquoreux; l'âge les rend moelleux et spiritueux. Ils supportent les voyages. Ils ont plus de sève que de bouquet.

PRODUITS ŒNOLOGIQUES

Comme on l'a vu dans le cours de cette brochure, il est du plus grand intérêt que les négociants et les viticulteurs connaissent quels sont les produits qui peuvent être employés sans crainte dans le travail des vins.

Il faut qu'ils sachent d'abord, qu'en principe, la loi défend tout ce qui a pour but de diminuer la valeur réelle des liquides, par conséquent d'en augmenter le volume, parce que ce qui augmente le volume, donne souvent lieu à une spéculation frauduleuse. Tout ce qui augmente la qualité réelle, tout ce qui rend la marchandise plus agréable à l'œil, à la dégustation, tout ce qui tend à prolonger la conservation des liquides est toléré, ou même considéré comme chose utile, sous la condition que l'opération ne soit point faite de manière à être nuisible à la santé.

Ainsi donc, clarifier ou coller, bouqueter, vieillir, affiner un liquide, non-seulement sont choses licites, mais louables, puisque sans augmenter sensiblement le prix de la marchandise, elles la rendent plus propre à entrer dans la consommation ou à être conservée.

Il y a encore des gens pour lesquels les mots : *Produits œnologiques* sont synonymes de fraude. Il serait temps, cependant, que ces niaises erreurs cessassent d'avoir cours, et que l'on reconnût que la science et la pratique sont d'accord. Ici, comme toujours, elles s'appuient sur des bases loyales, utiles, et il n'y a plus que les ignorants et les intéressés qui les discutent.

Il y a bien encore des gens assez arriérés, des ignorants qui persistent et persisteront à vanter les qualités d'un vin naturel, soi-disant, parce qu'il n'a été ni collé, ni soutiré, et qui soutiennent que la lie est du vin. A ceux-là, il n'y a rien à répondre : l'acheteur leur tourne le dos et n'essaie pas plus à les convaincre que leur vin est mauvais, qu'à leur prouver que la terre est carrée.

Il n'entre dans l'idée de personne de faire l'instruction de ces entêtés : qu'on les laisse donc dans l'ignorance. Ils perdent bien souvent leurs vins parce qu'ils ne les soutirent et ne les collent pas. Ces vins tournent, se piquent, etc. Interrogez-les et ils vous diront : C'est l'orage, c'est la chaleur, c'est ceci, c'est cela. N'entreprenez pas de les désabuser ; ils vous prendraient pour un imbécile.

Laissons donc de côté ces aveugles de l'esprit et tournons-nous du côté de ceux qui veulent voir. Nous leur dirons : La science qui a enseigné à extraire l'alcool du vin, à convertir la betterave en sucre et en alcool, à fabriquer de l'alcool avec le grain, la fécule, le riz, l'asphodèle, la garance et avec cent autres matières ; la science qui a su faire du vinaigre avec du bois, de l'alcool avec de la mélasse et du sucre, qui est parvenue à décomposer le vin pour en extraire les sels organiques et les isoler les uns des autres ; la science qui a su faire du vin de Champagne mousseux avec de pauvres vins blancs provenant de raisins rouges ; qui a su tirer le tartre de la lie du vin et le convertir en acide tartrique ; la science qui fait tirer de la potasse des cendres du marc de raisin, etc., etc. ; cette science, dirons-nous, serait-elle impuissante à améliorer les vins soit dans leur nature, soit dans les effets qu'ils exercent sur notre organisation, soit même sur les organes de la dégustation? Évidemment non! Le vin est un produit de l'art et non de la nature; donc il est perfectible, donc il a besoin d'être soumis à des manipulations continuelles par suite des diverses transformations qu'il subit constamment, comme tout ce qui sort des mains de l'homme.

Les produits œnologiques sont connus dans toute l'Europe. L'Allemagne, l'Autriche, l'Angleterre les emploient depuis longtemps pour imiter nos vins fins et nos eaux-de-vie de Cognac, avec des vins ordinaires et des alcools d'industrie. La France, jusqu'à ces derniers temps, se préoccupait fort peu de ces imitations; mais, aujourd'hui, à l'aide de ces préparations, on est parvenu à l'étranger à imiter si bien nos vins fins et nos bonnes eaux-de-vie qu'il y a danger pour notre commerce à ne pas user de ces mêmes moyens.

Si l'Angleterre a pu travailler ses eaux-de-vie de grains et de riz de manière à imiter nos cognacs, si l'Allemagne, avec des vins du Midi coupés, est parvenue à faire des vins imitant ceux de nos meilleurs crus, il y a danger pour nous à rester en arrière de ce mouvement. Cette vérité vient d'être reconnue officiellement. (*Voir* la circulaire de M. le directeur-général Barbier, donnant avis que les dédoublages de trois-six et leur coloration sont autorisés. Cette brochure était écrite avant cette autorisation.)

Laissons donc les sots et ridicules puristes crier contre le travail des boissons, les peureux grimacer la frayeur; il est temps que l'industrie vinicole et le commerce sortent des langes de cette enfance où ils croupissent et où la spéculation de l'étranger pourrait les étouffer. Pendant que les niais, qui ne savent pas un mot de cette science qui enrichit nos voisins à nos dépens, s'interrogent pour savoir si les produits œnologiques doivent ou ne doivent pas être employés, sont bons ou mauvais, imitons nos voisins d'outre-Manche et d'outre-Rhin, et hâtons-nous, car il viendra un jour où leurs imitations seront si bien connues, si répandues, que le consommateur ne saura plus s'il doit donner la préférence à l'imitation ou à la chose réelle.

Il y a de grands phraseurs, de grands discoureurs, qui vous prouveront cent fois par A plus B que les produits du sol doivent rester purs de tout travail, etc., etc. Ce raisonnement est aussi pauvre, aussi faux, aussi misérable que celui qui conseillerait de ne pas travailler l'homme et de le laisser aussi brut que la nature l'a fait. Ces discours peuvent encore intéresser les ignorants, mais les hommes de science en hausseront les épaules de pitié et considéreront ces discoureurs comme des misérables ou des crétins.

Les personnes qui ne suivent pas la marche des affaires vinicoles seront peut-être tentées de croire que la peinture que nous faisons ici est chargée. C'est une erreur ! Nos correspondances avec l'étranger, correspondances journalières, les visites que nous recevons fréquemment des propriétaires et des négociants de l'Allemagne, de l'Autriche, de l'Espagne, de la Prusse, de l'Italie, de l'Angleterre, etc., nous font craindre que les propriétaires français ne comprennent pas assez vite qu'une concurrence redoutable s'organise contre eux.

Nous avons rencontré des propriétaires et des négociants imbus d'une si épaisse ignorance qu'ils ne craignaient pas de nous dire : « Vous parlez par intérêt pour les préparations œnologiques. » Soit, leur disions-nous, mais au moins vérifiez les faits ; assurez-vous que votre industrie est en danger, que vous êtes menacés d'une concurrence que des siècles ne pourront peut-être détruire ; tâchez que l'étranger, qui ne voit que le côté sérieux de la question vinicole, pour lui, vous supplante et vous oublie, ou devienne lui-même manipulateur de vos vins ou de ceux de vos voisins. Quant à nous, si nous ne fabriquions pas des produits œnologiques, nous en fabriquerions d'autres : il nous importe peu.

Il ne sera peut-être pas sans intérêt de rapporter ici quelques entretiens que nous avons eus à ce sujet.

Un négociant d'Anvers nous disait en 1859 :

« Les droits d'entrée sur les eaux-de-vie de Cognac sont si considérables que nous ne pouvons prétendre à les faire entrer dans nos eaux-de-vie, même dans des proportions infimes. Eh bien ! nous nous en passons, et, à force de travail et de soins, nous sommes parvenus à faire, avec des 3/6 de riz et de grains, des cognacs qui sont plus prisés que vos eaux-de-vie véritables, qui nous arrivent toujours mal faites. Notre maison voulant faire un essai acheta, à Cognac même, en 1852, 100 hectolitres d'eau-de-vie ; nous les expédiâmes aux colonies et en Amérique, une autre partie à la marine anglaise et nous éprouvâmes les plus tristes effets de cette expérience. Nous en sortîmes avec quinze mille francs de perte, des ennuis de toute nature et la perte d'une grande partie de nos clients. Le tort réel que nous fit cette affaire ne fut pas moindre de cinquante mille francs, en évaluant la perte de notre clientèle. »

A peu près à la même époque, un autre négociant de la même ville nous disait :

« Je suis de Cette ; j'ai quitté cette ville en 1848, et je

croyais que je savais tout ce qu'on peut savoir pour la préparation et le travail des liquides. Une année de séjour à Anvers me convainquit que je ne savais rien. En France et dans le midi surtout, on gâche tout, parce qu'on a de la matière en abondance. On fait d'horribles boissons avec des vins qui possèdent tous les éléments nécessaires pour être excellents. En un mot on fait du mauvais pain de seigle avec du beau froment. Pendant que vos vins dits en nature arrivent gâtés ou défectueux aux colonies ou au terme d'un voyage qui ne dépasse pas Paris, les nôtres se conservent et s'améliorent. Sous prétexte de les vendre en nature vous vendez des vins chargés de lie ou non dépouillés, et de sains ils deviennent nuisibles. Et ne croyez pas que nous nous adonnions à la falsification ; non ! Seulement nous travaillons en praticiens éclairés et qui raisonnent. Nous n'empoisonnons personne et nous buvons hardiment la marchandise que nous vendons. »

Un Américain nous disait, il y a quelques années :

« Les plus mauvais vins, les plus mauvaises eaux-de-vie que nous buvons, sont ceux qui nous sont expédiés de France. En payant des prix excessifs, on obtient quelquefois des cognacs de bonne qualité, mais cela est bien rare. On trouve toujours des goûts de *sauçage* ou d'alcool d'industrie qui rendent ces liquides peu agréables et les font renvoyer aux tavernes d'où elles sortent. »

Un Anglais nous disait, il y a à peine un an :

« Les vins et les eaux-de-vie qui nous viennent de France sont sans parfum, ces dernières, surtout, ne valent pas mieux que nos eaux-de-vie de grains; elles ont en moins la franchise de goût : c'est un mélange de divers alcools dont la sève est désagréable ou indéfinis-

sable. Ces liquides ne sont potables que quand ils ont
passé par les mains des Anglais, qui les travaillent et les
gardent en cave pendant quelques mois. »

Un Italien, le comte de G***, homme de tact et œnologue, nous disait au mois d'août 1862 :

« Les eaux-de-vie que l'on boit à Paris et que l'on
vend 50 cent. le petit verre, ne valent pas nos eaux-de-
vie ordinaires, pas même les dédoublages allemands.
Quant aux vins, ils sont sans sève et sans bouquet. J'ai
acheté à Cognac même des eaux-de-vie que j'ai payées
fort cher et qui étaient si pauvres en bouquet, que je les
ai encore dans ma cave, et elles ont douze ans. Compa-
rées aux eaux-de-vie allemandes, elles leur sont de beaucoup inférieures. »

Un homme distingué, un connaisseur, un Français qui
a habité pendant trente ans l'Amérique du sud, et qui y
est encore en ce moment malgré ses soixante-dix ans,
nous disait en 1861, alors qu'il habitait Paris, rue
Chaptal :

« Les plus mauvais vins que nous buvons en Amérique, ce sont les vins de France. Ils ont le triple inconvénient d'être chers, de ne pas se conserver en fût, et de
manquer de sève et de bouquet. Quand ils ont de la force,
ils se conservent mieux ; mais alors ils sentent si fort
l'alcool, qu'ils ne sont plus qu'une détestable boisson. »

L'étendue de cet opuscule ne nous permet pas de multiplier ces citations dont nous avons un grand nombre
dans nos cartons ou dans notre mémoire : notre corres-
pondance en contient assez pour faire un volume. Nous
en avons dit assez pour démontrer ce que nous voulons
prouver. Peut-être en avons-nous dit trop pour certains
esprits étroits qui nous accuseront de dénigrer nos pro-

ductions au profit d'idées étrangères ou étranges. Nous nous arrêtons donc, tout en protestant contre ces accusations. Nous aimons notre pays autant que tous ceux qui se croiront autorisés à faire la controverse de nos idées, seulement il y a cette différence entre eux et nous, c'est qu'ils ignorent la vérité et que nous osons la dire au risque de blesser les intéressés, parce que nous avons l'espoir de leur voir prendre des mesures propres à assurer le succès de notre industrie vinicole à l'étranger.

Nous croyons que dans toutes ces appréciations il y a quelque chose d'exagéré; mais il n'en est pas moins vrai que le mal existe. La différence n'est que dans le plus ou dans le moins.

Eh, bien! nous dira-t-on, quel est le moyen de remédier au mal que vous signalez? Nous allons le dire en deux mots! Soutirez vos vins, collez-les à temps, convenablement, et avec des matières non susceptibles de développer des altérations spontanées. Détruisez les vices naturels de vos vins, les goûts de terroir, surtout, et donnez-leur un bouquet et une sève agréables s'ils n'en ont pas. Suivez en cela les indications qui sont données par tous les œnologues et par nous-mêmes[1]. Quant à vos eaux-de-vie, ne pratiquez jamais de coupage avant d'avoir travaillé les alcools d'industrie, de les avoir bouquetés, clarifiés et soutirés au préalable.

Il est vrai que certaines personnes considèrent le bouquetage comme une falsification. Nous lisions il y a quelque temps, dans un journal, un article sur les vins, écrit ou plutôt copié par un soi-disant chimiste, et dans

---

1. Voir le *Manuel de l'amélioration des liquides*. Librairie encyclopédique Rorel, rue Hautefeuille, 12, à Paris. 1 vol., 3 fr.

lequel il était dit que *l'imitation du bouquet des vins est une falsification.* Heureusement que les chimistes œnologues ne sont point de cet avis, ni les praticiens, ni les œnothecniciens. Il y a des originaux et des hommes incapables qui, ne pouvant se faire remarquer par leurs talents, appellent l'attention du public par leurs excentricités : ce monsieur en est très-probablement un. Les lecteurs sérieux, s'il en a eu, ont dû sourire en voyant ainsi faire de l'œnologie contre le bon sens, la raison et les intérêts du pays.

Quelle que fausse que soit une opinion, quand elle est émise elle peut avoir des adeptes. Or, nous supposons que quelqu'un ait pu prendre au sérieux celle de ce chimiste, nous allons la détruire.

Le bouquetage des vins est une fraude, dites-vous? Pourquoi? Toute fraude rentre dans l'une des deux catégories que voici : diminuer la valeur intrinsèque de la marchandise, la vendre pour ce qu'elle n'est pas.

Le bouquetage n'allonge pas ou n'augmente pas le volume, le poids ou la quantité, puisqu'il faut à peine deux cuillerées de préparation pour produire le bouquet demandé sur deux hectolitres, soit plus de vingt ou trente fois moins qu'il ne faut de substances pour le collage. Il ne diminue donc pas la valeur intrinsèque et réelle du vin; il l'élève au contraire. Si le bouquet permet de vendre le vin d'un cru inférieur pour du vin d'un cru supérieur, tant mieux pour le consommateur, car il aura du bon vin au même prix que le mauvais ou à peu près, puisque le marchand ne saurait, sans encourir le risque de tromperie sur la nature de la chose vendue, livrer un vin d'une autre nature que celui qu'il garantit livrer, et qu'il ne peut se faire régulièrement payer que le prix de son travail. S'il vendait un vin pour ce qu'il n'est pas, ce serait son affaire et non celle du bouquet. Cette fraude, si elle existait, n'ajouterait rien à celles qui se pratiquent tous les jours : elle aurait pris la place d'une autre chez l'individu qui en userait, rien de plus.

Il est pitoyable de voir des hommes qui semblent prendre la défense des intérêts du public, s'égarer de cette façon. Comment, vous voulez persister à vendre du vin avec un arôme désagréable parce qu'il est naturel ? Des eaux-de-vie défectueuses, quand vous pouvez les améliorer et rendre bon, agréable, ce qui est mauvais ? Que diriez-vous de celui qui aurait un habit mal fait, disgrâcieux qui le blesserait et qui ne voudrait pas le faire retoucher, *travailler,* sous prétexte qu'il en changerait la forme primitive ? Vous diriez que c'est un fou, et vous auriez raison. Eh bien ! le chimiste qui ne veut pas du bouquetage des vins, ressemble en tous points à ce fou-là.

Il est permis de parfumer les liqueurs, il est permis de parfumer les bonbons, il est permis de parfumer les pâtisseries, les viandes, etc., il est donc permis de parfumer les vins : cela tombe sous le bon sens. Et s'il fallait des preuves irréfutables, nous les trouverions dans divers jugements des tribunaux qui ont été appelés à se prononcer sur cette question. Il est donc bien entendu que le bouquetage artificiel des vins est une chose licite, non-seulement licite, mais utile et indispensable, parce que sans lui nous ne pourrions écouler facilement nos vins ni à l'étranger, ni même en France, où l'on sait déguster et où chaque jour amène un progrès, le bien-être, et le besoin d'avoir des vins agréables. Nous ne vivons plus au XVe siècle, où le peuple se contentait du jus de prunelles et du vin le plus misérable. Il veut du vin et du bon, et du meilleur. Or, nous ne connaissons pas d'autres moyen de procurer à la consommation ce qu'elle demande, que d'améliorer nos vins ordinaires. Tant pis pour le vigneron, pour le marchand de vin qui persisteront à produire des vins non dépouillés, à goût de lie, de terroir, etc. ; ils travailleront pour les vinaigriers et les brûleurs, cela est leur affaire. Quant à nous, nous ne cesserons de dire comme consommateur : Plus de goût de terroir ! Des vins limpides, brillants, francs de goût, agréables et parfumés ! Voilà ce que nous voulons et ce que veulent tous ceux qui ont le goût droit et le palais juste.

Le bouquetage des vins et des eaux-de-vie ne saurait donc constituer ni fraude ni falsification, puisqu'il profite réellement au consommateur. Cet avis, du reste, n'est pas émis par nous pour la première fois. L'illustre Chaptal, Cadet de Vaux, Cavolcau, Lenoir et autres œnologues distingués l'ont proclamé avant nous. Lenoir, œnologue des plus susceptibles en matière de fraude, dit dans son *Traité de vinification*, à propos du bouquet des vins :

« Quant à l'arôme (bouquet), il ne manquera pas aux bons vins, soit que le sol le donne naturellement, soit qu'on *l'ajoute*.

» Je sens que ce mot sonnera mal à beaucoup d'oreilles; cependant, pour peu qu'on y réfléchisse, on s'apercevra de suite que de toutes les additions qu'on peut se permettre de faire aux vins, et on s'en permet beaucoup, c'est certainement celle qui changerait le moins les proportions naturelles des principes constituants du vin.

» Cet arôme n'imitera jamais celui des grands vins produits par les terrains privilégiés! Qu'importe, s'il est tout aussi agréable et si surtout il est uni à une saveur aussi parfaite?

» Mais ce ne sera plus du vin naturel! A cela on peut répondre par une observation bien simple et dont tout le monde peut apprécier la justesse : c'est que tout vin prend dans le tonneau où on le renferme, dix fois, cent fois peut-être plus de matière extractive du bois qu'il ne faudrait y ajouter d'une substance quelconque pour lui procurer un arôme très-prononcé. »

Que répondrait notre chimiste à l'homme éminent qui a écrit ces lignes? Que répondraient tous ceux qui s'entêtent à déprécier les tentatives d'amélioration qui sont faites chaque jour pour rendre nos vins ordinaires dignes de nous, dignes de figurer sur toutes les tables? Que répondraient-ils s'ils savaient que des récompenses ont été décernées en Angleterre, en Allemagne à ceux qui ont découvert les premiers l'art de bouqueter les vins et les eaux-de-vie? Que répondraient enfin tous les détracteurs du bouquetage des vins si on leur disait qu'il entre dans une seule bouteille de vin de Champagne mousseux plus de matières qu'il n'en faut pour améliorer, bouqueter et vieillir 2 hectolitres de vin ordinaire? Cependant, nous ne sachons pas que ce vin soit défendu ni qu'on ait jamais songé à le faire passer pour être falsifié. Or s'il est permis de mettre certaines préparations dans une bouteille de champagne, il ne saurait, par la même raison, être défendu de les mettre dans 100, 200 ou 300 bouteilles. Si le trop n'est pas nuisible, le trop peu ne saurait l'être.

Ce qu'il y a d'étrange c'est que la plupart des gens qui se font un point d'honneur de vendre des vins soi-disant naturels, sont ceux qui les travaillent le plus et au besoin les dénaturent : en voici le preuve.

Un Bordelais soutenait devant nous cette thèse que le vin doit être vendu en nature. Nous lui répondîmes oui. Mettez-vous en pratique le système que vous recommandez ? Oh ! certainement. — Puis l'instant d'après nous ramenons la conversation sur le même chapitre et le dialogue suivant s'établit entre lui et nous, ou à peu près.

Nous. — Collez-vous vos vins ?

Le Bordelais. — Toujours, au moins deux fois.

Nous. — Avec quoi les collez-vous ?

Le Bordelais. — Avec de la gélatine, quelquefois avec des œufs.

Nous. — Comment employez-vous la gélatine ?

Le Bordelais. — J'en fais fondre 30 grammes dans une bouteille d'eau et je verse le tout dans 230 à 250 litres de vin.

Nous. — Mais la gélatine décolore les vins ? Elle a de plus l'inconvénient de les faire aigrir quand ils ne sont pas très-alcooliques.

Le Bordelais. — Oh ! je sais qu'elle décolore, mais je ne l'emploie que sur des vins très-forts en alcool et en couleur, et s'ils tombent un peu, j'y ajoute 10 litres de vin noir par pièce et un litre de 3/6.

Nous. — Mais la gélatine donne aussi parfois un mauvais goût au vin, quand il séjourne trop longtemps sur colle.

Le Bordelais. — Je sais bien ; mais je soutire aussitôt après clarification.

Nous. — Mais il arrive souvent que la gélatine ne se précipite pas, elle reste en suspension dans le vin ; alors, le vin contracte l'odeur de la gélatine et menace de tourner, ce qui ne manque pas d'arriver si l'on n'y remédie promptement, ou si le vin est expédié dans cet état.

Le Bordelais. — Oh! je sais bien que la gélatine est une colle dangereuse; mais je la surveille, et si, parfois, elle me fait les tours que vous me dites, ce qui m'arrive trop souvent, je coupe mon vin et je le vine, puis je lui donne du bouquet avec du vin d'Espagne et tout cela s'arrange.

Ainsi, voilà à quoi se réduisent les arguments et la pratique des détracteurs du travail et du bouquetage des vins. Ils critiquent le nom et ils pratiquent la chose. Mais de la pire des manières.

Colorer du vin, ils s'en garderaient bien; seulement ils mettent un peu de vin noir, au besoin.

Mettre une cuillerée de bouquet ou de sève artificiels dans le vin? Oh non! mais ils y mettent une bouteille d'eau, 30 grammes de gélatine, véritable pourriture qui menace de mettre le vin en putréfaction, à chaque collage, et ils ajoutent un litre d'alcool : total, près de deux litres de liquide étranger.

Bouqueter les vins avec les sèves? Ils s'en feraient scrupule; mais ils y passent un broc de 12 à 15 litres de vin d'Espagne pour les refaire, leur donner du bouquet, du montant, de la mâche, etc. Voilà à quoi se réduit le puritanisme de ces messieurs. C'est tout bonnement de l'ignorance mêlée à de la routine.

Voici un autre exemple de la sincérité et de la valeur des raisonnements des puristes.

Un bouilleur de la Charente vint un jour nous visiter, sous le prétexte de nous offrir des eaux-de-vie de Cognac. A peine était-il entré que le dialogue suivant s'établit entre lui et nous.

Le bouilleur. — Je sais bien que vous ne prisez pas nos eaux-de-vie, car vous fabriquez des produits pour les imiter.

Nous. — C'est tout le contraire de ce que vous dites ; nous les estimons beaucoup, puisque nous tâchons de les imiter avec des 3/6 d'industrie.

Le bouilleur. — Oui! mais vous croyez qu'on peut s'en passer, et vous nous faites du tort avec vos préparations.

Nous. — C'est une erreur ! Nous croyons si peu qu'on puisse s'en passer que nous sommes convaincu qu'il est impossible de faire des eaux-de-vie au-dessus de l'ordinaire si l'on n'y en ajoute pas quelques litres. Quant à causer du préjudice aux eaux-de-vie de Cognac par nos préparations, cela n'est pas possible ; car vous savez que tout ce qu'on vend pour du cognac n'en est pas.

Le bouilleur. — Il est vrai qu'on ne boit pas 1 litre de cognac sur plus de 1,000 litres qui sont vendus comme eau-de-vie de Cognac. On est bien obligé de fournir à la vente et de satisfaire la clientèle qui ne peut payer le prix, autrement le client tournerait le dos au débitant et s'en irait ailleurs chercher ce qu'il lui faut.

Nous. — Vous devez être fort embarrassé quand on vous demande des eaux-de-vie à des prix qui ne sont pas rémunérateurs pour vous.

Le bouilleur. — Nous avons de la marchandise à tous prix ; nous avons les petits-bois, les Saintonge, les bois ordinaires, etc.

Nous. — Combien valent donc vos eaux-de-vie dites de petits-bois, c'est-à-dire celles que vous vendez au plus bas prix.

Le bouilleur. — Les fraîches valent, en sortant de la chaudière, 115 fr. l'hectolitre aujourd'hui.

Nous. — Sont-elles pures ?

Le bouilleur. — Certainement! Je ne tiens que de la bonne marchandise.

Nous. — Alors, expliquez-nous comment vous vendez 115 fr. une marchandise qui vous coûte beaucoup plus. Les vins valent, en ce moment, 26 fr. l'hectolitre. Or, l'hecto rend au plus 10 litres d'alcool, soit 17 litres environ d'eau-de-vie à 59, ce qui fait, à 115 fr., 19 fr. 55. Vous perdez donc 6 fr. 45 par hectolitre de vin distillé, plus le bois, le temps, l'intérêt de votre matériel et les frais de voyage, les avances, etc. Mais il y a de quoi se ruiner.

Le bouilleur. — Ah ! permettez, il y a toujours moyen de s'arranger, comme on nous demande des eaux-de-vie à bas prix, nous mettons un peu de 3/6 dans le vin avant la distillation ; mais nous n'en mettons pas après.

Nous. — Un peu! c'est-à-dire beaucoup ; car pour couvrir les frais que nous venons de vous énoncer, il faut en mettre moitié au moins, puis pour le bénéfice, encore un peu. Cela nous semble représenter au moins les deux tiers.

Le bouilleur. — Je vine mon vin à raison de 22 à 24 litres de 3/6 par pièce de 230 litres, pas plus.

Nous. — Cela fait justement ce que nous vous disions : Vous retirez 21 à 22 litres d'eau-de-vie par pièce et vous mettez 22 à 24 litres d'alcool à 95 degrés, ce qui représente en chiffre rond 40 litres d'eau-de-vie.

Le bouilleur. — Il faut bien que nous ayons de la marchandise à tous prix, autrement on perdrait l'habitude de notre place, et nous ne vendrions plus que nos eaux-de-vie fines à des conditions onéreuses. Nous sommes obligés de soutenir la concurrence et de satisfaire aux besoins divers.

Nous. — Alors, ne garantissez donc pas vos produits comme purs, car vous trompez votre acheteur. Ne nous considérez donc pas comme jetant du discrédit sur vos eaux-de-vie, quand, au contraire, nous les recommandons et les faisons valoir, par le fait de l'imitation même que tout négociant qui s'adonne comme vous au travail des alcools recherche à l'aide de nos préparations ou avec d'autres.

Interrogez tous les puristes et vous aurez les mêmes réponses, si vous les poussez dans leurs derniers retranchements. Cela prouve qu'il y a force majeure, et que le fabricant d'eau-de-vie est obligé de les allonger pour subvenir à deux besoins : la consommation d'une part, et le bas prix de l'autre.

Il faut donc travailler les eaux-de-vie et 3/6, mais on doit rester dans les termes du marché et livrer loyalement la marchandise pour ce qu'elle vaut : la loi sera ainsi respectée et tout le monde y trouvera son compte.

Puisque nous tenons cette question des eaux-de-vie de Cognac, examinons-la à un point de vue plus élevé. On a dit : on vend en fraude cent fois, mille fois plus de Cognac que les deux Charentes n'en produisent. Or, si l'on ne vendait que des eaux-de-vie pures, on les vendrait plus cher et le pays s'enrichirait.

Il est certain, incontestable, que si l'on supprimait subitement tout ce qui se vend comme eaux-de-vie de Cognac, les prix s'élèveraient considérablement. Mais qu'arriverait-il alors? Ce qui arrive quand une marchandise a une valeur vénale trop grande, on n'en achèterait plus. On se reporterait sur les 3|6 du midi, puis, si ceux-ci montaient trop haut, il nous viendrait les *cognacs anglais* (n'en riez pas trop, ils valent souvent mieux que ceux du bouilleur de la Charente dont nous parlions tout à l'heure), et un jour, les eaux-de-vie de Cognac, délaissées dans la catégorie des choses de luxe, ne trouveraient plus de placement. Le pays au lieu de s'enrichir se ruinerait. Voilà la vérité.

Cela est tellement vrai que depuis que nous avons la faculté d'importer des eaux-de-vie en Angleterre, il s'y fait peu d'affaires, parce que nos eaux-de-vie ne sont pas sensiblement meilleures que celles que les Anglais préparent eux-mêmes. A prix égal, les *cognacs anglais* sont aussi bons que nos cognacs dits fin bois, tels qu'on les livre à Londres. Les *cognacs du midi*, comme certains négociants français les nomment à Londres, ont de la tendance à l'emporter sur les vrais cognacs, parce qu'ils sont à des prix inférieurs et qu'ils contiennent moins de 3/6 d'industrie.

Les eaux-de-vie fines de Cognac obtiennent de bons prix, mais la vente en est tellement restreinte qu'elle ne mérite pas la peine d'être consignée. On voit par là ce qui arriverait si l'on voulait forcer encore le consommateur à payer la marchandise un prix plus élevé qu'il ne la paie déjà : la vente serait alors complètement nulle.

Les besoins de la consommation ne se plient ni aux raisons ni aux raisonnements, ils sont comme le torrent, ils emportent l'obstacle qu'on leur oppose ou ils passent par-dessus. Si l'on voulait absolument faire vendre des cognacs et rien que des cognacs purs et à des prix élevés, on n'en vendrait plus.

Tout ce que nous venons de dire des eaux-de-vie est

également vrai pour le vin. Il est souverainement injuste et déraisonnable de vouloir forcer le consommateur à boire de mauvais vins et de mauvaises eaux-de-vie, plutôt que de laisser la liberté au spéculateur de les travailler et de les améliorer pour les rendre plus agréables et nous pouvons le dire plus salubres, du moment que ce travail est parfaitement inoffensif.

Nous voilà bien loin des préparations œnologiques dont nous parlions tout à l'heure, mais cette digression était nécessaire au développement de notre pensée. Nous y revenons.

Les préparations œnologiques ont donc pour but l'intérêt et l'agrément du consommateur, surtout. Tout ce qu'en diront leurs détracteurs n'est pas digne d'être pris au sérieux. C'est par elles, c'est par les manipulations bien raisonnées, bien entendues, qu'on arrivera à maintenir notre suprématie viticole en France et à l'étranger, et que nos exportations prendront du développement et de l'importance.

Toutes les préparations œnologiques sont salubres. Il nous est arrivé bien souvent, pour le prouver, d'en boire en un seul jour une quantité suffisante pour parfumer 250 et 300 litres de vin, sans en éprouver de malaise; parce qu'alors même qu'on pourrait en boire au litre, elles ne causeraient aucune indisposition, étant de la même nature que le vin lui-même. Il serait difficile de démontrer qu'une substance qui n'est pas nuisible à haute dose le devienne prise à petite.

Disons plus ! Les détracteurs du bouquetage sont ceux qui l'emploient. En le critiquant, ils détournent l'attention de ceux qui pourraient le mettre en usage concurremment avec eux, et pendant ce temps, ils font tranquillement leurs affaires ; tandis que ceux qui les écoutent et les prennent au sérieux, vendent péniblement leur vin en nature, pur et sans mélange, même avec la lie. Nous ne parlerons pas des ignorants, ils font comme les moutons de Panurge, ils répètent ce qu'ils ont entendu dire et font ce qu'ils ont vu faire, c'est le chemin le plus facile, mais ce n'est pas le meilleur.

Il est honteux que dans un pays aussi éclairé que le nôtre on soit encore réduit à discuter des choses aussi élémentaires que celles qui font l'objet de ce chapitre, et forcé de démontrer méthodiquement que ce qu'il est permis de boire au litre est également permis par goutte. En résumé, la falsification consiste en deux choses : 1° tromper l'acheteur sur la valeur de la marchandise ; 2° dénaturer le liquide en le rendant malsain. Tout travail dont l'effet n'appartient ni à l'un ni à l'autre de ces deux cas, n'est pas et ne saurait être de la falsification.

FIN DE LA PREMIÈRE PARTIE

DEUXIÈME PARTIE

LOIS, ARRÊTS, JUGEMENTS, ETC.

RELATIFS

A LA FALSIFICATION DES BOISSONS

LOI DU 5 MAI 1855

Qui déclare applicables aux boissons les dispositions de la loi du 27 mars 1851.

ART. 1er. — Les dispositions de la loi du 27 mars 1851 sont applicables aux boissons.

ART. 2. — L'article 318 et le n° 6 de l'article 475 [1] du Code pénal sont et demeurent abrogés [2].

ART. 3. — Toute altération de boissons, de quelque importance qu'elle soit, lorsqu'il n'est pas constaté qu'elle ait eu lieu avec des substances nuisibles à la santé, par exemple, le mélange d'eau à l'eau-de-vie, constitue la contravention prévue

---

1. *Code pénal, 318.*
Emprisonnement de six jours à deux ans, amende de 16 à 500 fr. P. 9. — 3°, 40, s. Saisie et confiscation des boissons falsifiées trouvées appartenir au vendeur ou débitant.

2. 475, n° 6. Seront punis d'une amende de 6 à 10 francs, ceux qui auront vendu ou débité des boissons falsifiées, sans préjudice des peines plus sévères qui seront prononcées par les tribunaux de police correctionnelle, dans le cas où elles contiendraient des mixtions nuisibles à la santé.

par les art. 475 et 477 du Code pénal. (*Cass.*, 12 *juillet* 1855.)

Art. 4. — Depuis la loi du 5 mai 1855, qui a rendu applicable aux boissons falsifiées la loi du 27 mars 1851, et a, par conséquent, abrogé l'article 475, n° 6, du Code pénal, le tribunal de police est incompétent pour statuer sur une prévention de cette nature.

Les délinquants doivent donc être traduits en police correctionnelle.

Art. 5. — Toutefois, le juge de police est compétent pour statuer sur une prévention d'exposition en vente, sur la place du marché, de denrées alimentaires corrompues en contravention à un arrêté municipal, lorsqu'il n'est pas établi ni même articulé par le ministère public que le prévenu connaissait l'état de corruption de ces denrées, circonstance qui entraînerait l'application de l'art. 1er de la loi du 27 mars 1851.

LOI DU 27 MARS 1851

Rendue applicable aux boissons par la loi du 5 mai 1855.

Sur les falsifications des substances alimentaires.

Art. 1er. — Seront punis des peines portées par l'art. 423 du Code pénal[1], ceux qui falsifieront des substances ou denrées alimentaires ou médicamenteuses destinées à être vendues; 2° ceux qui vendront ou mettront en vente des substances ou denrées alimentaires ou médicamenteuses qu'ils sauront être falsifiées ou corrompues; 3° ceux qui auront trompé ou tenté de tromper, sur la quantité des choses livrées, les personnes auxquelles ils vendent ou achètent, soit par l'usage de faux poids ou de fausses mesures, ou d'instruments inexacts servant au pesage ou mesurage, soit par des manœuvres

---

1. Trois mois à un an d'emprisonnement, le quart des restitution sans que la somme puisse être fixée au-dessous de 50 francs.

ou procédés tendant à fausser l'opération du pesage ou mesurage, ou à augmenter frauduleusement le poids ou le volume de la marchandise; même avant cette opération, soit, enfin, par des indications frauduleuses tendant à faire croire à un pesage ou mesurage antérieur et exact.

ART. 2. — Si, dans les cas prévus par l'art. 423 du Code pénal ou par l'art. 1er de la présente loi, il s'agit d'une marchandise contenant des mixtions nuisibles à la santé, l'amende sera de 50 à 500 francs, à moins que le quart des restitutions et dommages-intérêts n'excède cette dernière somme; l'emprisonnement sera de trois mois à deux ans. — Le présent article sera applicable même au cas où la falsification nuisible serait connue de l'acheteur ou consommateur.

ART. 3. — Sont punis d'une amende de 16 à 25 francs, et d'un emprisonnement de six à dix jours, ou de l'une de ces deux peines seulement, suivant les circonstances, ceux qui, sans motifs légitimes, auront dans leurs magasins, boutiques, ateliers ou maisons de commerce, ou dans les halles, foires ou marchés, soit des poids ou mesures faux, ou autres appareils inexacts servant au pesage ou au mesurage, soit des substances alimentaires ou médicamenteuses qu'ils sauront être falsifiées ou corrompues. Si la substance falsifiée est nuisible à la santé, l'amende pourra être portée à 50 fr., et l'emprisonnement à quinze jours.

ART. 4. — Lorsque le prévenu, convaincu de contravention à la présente loi ou à l'art. 423 du Code pénal, aura, dans les cinq années qui ont précédé le délit, été condamné pour infraction à la présente loi ou à l'art. 423, la peine pourra être élevée jusqu'au double du maximum; l'amende prononcée par l'art. 423 et par les art. 1 et 2 de la présente loi pourra être portée jusqu'à mille francs si la moitié des restitutions et dommages-intérêts n'excède pas cette somme; le tout sans préjudice de l'application, s'il y a lieu, des art. 57 et 58 du Code pénal.

ART. 5. — Les objets dont la vente, l'usage ou la possession constituent le délit, seront confisqués conformément à l'art. 423 et aux art. 477 et 481 du Code pénal. — S'ils sont propres à un usage alimentaire ou médical, le tribunal pourra les mettre à la disposition de l'administration pour être attribués aux établissements de bienfaisance. — S'ils sont impropres à cet usage ou nuisibles, les objets seront détruits ou répandus aux frais du condamné. — Le tribunal pourra ordonner que la destruction ou effusion aura lieu devant l'établissement ou le domicile du condamné.

ART. 6. — Le tribunal pourra ordonner l'affiche du jugement dans les lieux qu'il désignera, et son insertion intégrale ou par extrait, dans tous les journaux qu'il désignera, le tout aux frais du condamné.

ART. 7. — L'art. 463 du Code pénal sera applicable aux délits prévus par la présente loi.

ART. 8. — Les deux tiers du produit des amendes sont attribués aux communes dans lesquelles les délits auront été constatés.

ART. 9. — Sont abrogés les art. 475, n° 14, et 479, n° 5, du Code pénal.

Arrêts et jugements spéciaux aux vins.

VIN PLÂTRÉ

Arrêt de la Cour impériale de Montpellier, rendu en 1856, et réformant un jugement du tribunal de Sainte-Affrique, qui avait condamné l'emploi du plâtre.

La Cour....

« Attendu que la pensée du législateur en cette matière a été, suivant son expression, de punir la fraude, rien que la fraude ; qu'il a voulu atteindre et frapper les sophistications clandestines, faites en vue d'un gain illégitime, destinées à tromper l'acheteur sur la qualité ou sur le poids de la marchandise vendue ; les mélanges pernicieux que l'hygiène autant que la morale condamne ; mais que de la responsabilité pénale qui s'attache à ces félonies mercantiles, à ces altérations mensongères ou funestes, le législateur a déclaré formellement exclure et affranchir les opérations licites qui, par leur but, leur notoriété, repoussent toute suspicion, les procédés de fabrication loyalement et utilement employés dans les arts, dans l'industrie ou dans le commerce ;

» Qu'il faut évidemment ranger dans cette catégorie l'opération connue sous le nom de plâtrage des vins ;

» Que c'est là, en effet, un mode souvent employé dans la préparation et le traitement des vins, ayant pour objet leur amélioration ;

» Que ce procédé, en usage chez les anciens, a fait le sujet des études, des travaux, des discussions des savants modernes, chimistes, œnologues ou viticulteurs : conseillé par les uns, rejeté par les autres, toléré par tous ;

» Que si le mélange du sulfate de chaux avec les matières constitutives du vin devait en changer ou vicier la nature, s'il y avait dans son emploi un caractère de fraude ou de nocuité, des hommes illustres, tels que Chaptal, Dumas et autres, n'auraient pas manqué d'en signaler les dangers ; et l'expérience, plus forte que les livres, en aurait proscrit l'usage ;

» Attendu qu'il suit des considérations qui précèdent que le plâtrage des vins ne saurait constituer aux yeux de la loi une falsification, ni être considéré comme une mixtion nuisible à la santé ;

» Que telles sont d'ailleurs les conclusions nettement formulées du rapport de MM. les professeurs Bérard, Chancel et Cauvy, rapport versé au procès ; et qu'en présence de cette autorité de la science auxiliaire de la justice, le doute ne paraît pas possible ;

» Qu'il y a donc lieu de réformer le jugement attaqué ;

» Ordonne en même temps la restitution des vins saisis

VIN SOPHISTIQUÉ AVEC DE LA LITHARGE

Sentence de police du 27 septembre 1697, qui condamne à l'amende pour avoir falsifié des vins, sentence publiée et affichée le 2 octobre de la même année.

Sur le rapport qui nous a été fait en l'audience de police par maître Nicolas Paley, conseiller du roy, commissaire enquêteur et examinateur au Châtelet de Paris, ancien préposé pour la police au quartier des Halles, que Louis Dennequin, maître tapissier, ayant acheté du vin de Jean Nicolle, vigneron, demeurant à Argenteuil, il s'y est trouvé de la litharge, ce qui a causé des coliques très-vives et très-douloureuses, tant audit Dennequin, sa femme, qu'à leurs enfants, garçons et domestiques, qui en ont été tous malades jusqu'à l'extrémité; que le sieur Billeux, marchand de fer, ayant aussi acheté du vin d'Étienne Dono, dit l'Hermite, vigneron, demeurant à Saint-Leu-Taverny, on a reconnu qu'il était falsifié par un semblable mélange de litharge et d'autres drogues, dont sa femme et ses deux enfants ont été dangereusement malades; de quoi lui, commissaire, nous ayant informé, nous aurions ordonné que le sieur Boudin, doyen, docteur et régent de la Faculté de médecine de Paris, ferait l'épreuve de l'un et l'autre vin, ce qui a été exécuté; en sorte qu'il paroît par son certificat du premier de ce mois, qu'il y avoit en effet dans ce vin un mélange de cette drogue appelée *litharge*, très-préjudiciable à la santé, capable de donner et provoquer des coliques très-dangereuses; pourquoi lui, commissaire, a fait assigner par devant nous à ce jourd'hui lesdits Nicolle et Dono, dit l'Hermite, pour répondre à son rapport, suivant l'exploit de Gabriel de Doux, huissier à cheval et de police en cette cour, en date du sept des présents mois et an; ouï, ledit commissaire en son rapport, lesdits Nicolle et Dono, dit l'Hermite, en leurs défenses, et les gens du roy en leurs conclusions; vu le certificat dudit sieur Boudin ; nous ordonnons que les règlements de police seront exécutés selon leur forme et teneur ; et pour la contravention commise par ledit Nicolle, en mêlant de la litharge dans le vin par lui vendu audit Dennequin, nous l'avons condamné en trente livres d'amende envers le roy ; lui faisons très-expresses inhibitions et défenses de récidiver sous plus grandes peines ; et à tous marchands de vin, vignerons et autres, vendant en gros et en détail, ou en laissant pour leurs provisions dans l'étendue de la ville, prévôté et vicomté de Paris, de mettre dans leurs vins de la litharge, bois des Indes, raisins de bois, colle de poisson, et autres drogues et mixtions capables de nuire à la santé de ceux qui en pourraient boire ; le tout à peine de cinq cents livres d'amende et de punition corporelle. A l'égard dudit Dono, dit l'Hermite, après qu'il a soutenu et mis en fait que le vin qu'il a vendu audit Billeux n'est point de son cru, qu'il l'a pris dans le cellier d'un autre habitant du même lieu de Saint-Leu-Taverny ; ordonnons qu'à sa diligence il sera tenu de le mettre en cause, et de le faire comparoir, à la huitaine, à notre audience du matin, sinon sera fait droit ; et afin que personne n'en prétende cause d'ignorance, sera la présente sentence lue, publiée et affichée tant en cette ville, dans lesdites paroisses d'Argenteuil et de Saint-Leu-Taverny, que dans les autres bourgs et villages de ladite ville, prévôté et vicomté où il y a vignobles ; enjoint aux curés et vicaires de lire et publier aux prônes de leurs grandes messes, par trois différents jours, notre présente sentence, qui sera exécutée nonobstant et sans préjudice de l'appel. Ce fut fait et donné par messire Marc-René de Voyer de Paulmy d'Argenson, chevalier, conseiller du roy en ses conseils, maître des requêtes ordinaires de son hôtel et lieutenant-général de police de la ville, prévôté et vicomté de Paris, le vendredi vingt-septième septembre mil six cent quatre-vingt-dix-sept.

FAUSSE GARANTIE DE PROVENANCE

Une société en participation avait été formée en 1856, entre les sieurs de Bussy et Laguérenne et Cie, dans le but de faire le commerce des vins, eaux-de-vie et autres spiritueux. Les vins constituant l'apport social du sieur Laguérenne étaient, aux termes du jugement du tribunal correctionnel de Bordeaux, des vins d'opération, ayant des origines tout autres que celles spécifiées au traité, où ils figurent sous le nom de vins de Saint-Emilion, de Saint-Estèphe et de Saint-Julien. Des mélanges avaient été aussi reconnus, et on les avait pratiqués pour tâcher de légitimer des appellations mensongères.

Cependant le tribunal avait renvoyé le sieur Laguérenne des fins de la plainte sur le chef de falsification, parce que les mélanges par lui opérés n'étaient pas interdits par la loi; mais déclaré coupable du délit de tromperie sur la nature des marchandises, délit prévu par l'art. 433 du Code pénal, il avait été condamné à trois mois d'emprisonnement, 50 francs d'amende et aux frais, le tout par corps.

Le sieur Laguérenne interjeta appel, et l'affaire fut portée devant la cour impériale de Bordeaux, qui, refusant de faire l'application de l'article 423 du Code pénal, le déchargea de la condamnation qu'il avait encourue.

Cet arrêt ayant été soumis à la cour de cassation, fut cassé.

Voici les termes dans lesquels la cour suprême statua, le 14 mai 1858 :

« LA COUR, etc...

» Attendu que si les mélanges et coupages de boissons usités dans le commerce peuvent ne pas constituer par eux-mêmes une falsification illicite, il en est autrement lorsque ce mélange a été fait en vue de tromper un tiers ;

» Attendu qu'il est constaté par l'arrêt attaqué que, lors de la formation de la société du 8 mars 1856, Laguérenne surprit la bonne foi de Bussy et le trompa sur l'importance de son apport social, en l'induisant à croire que les vins classés dans l'inventaire annexé au contrat provenaient, en majeure partie, des communes renommées de Saint-Julien, Pauillac et Saint-Estèphe, circonstance qui détermina le consentement de Bussy ; que cependant ils avaient une tout autre origine, et qu'effectivement il n'était plus contesté aujourd'hui que ces vins, composés par un mélange de vins des environs de Blaye et Libourne, étaient absolument étrangers aux crus du Médoc ;

» Que l'arrêt dénoncé constate, en outre, que la société en participation dans laquelle étaient apportés les vins dont il s'agit était formée en vue de leur écoulement ;

» Attendu qu'en cet état des faits, il n'y a pas eu, de la part de Laguérenne, un simple mélange de vins autorisé par les usages du commerce, mais la falsification prévue et punie par les nos 1 et 2 de l'article 1er de la loi du 27 mars 1851 ;

» Que, d'une part, en effet, les vins frauduleusement mélangés par Laguérenne étaient destinés à être vendus aux tiers, et que, d'autre part, l'apport de ces vins falsifiés dans la société en participation, avec estimation de leur valeur, ayant eu pour conséquence d'en transférer la propriété à l'être moral de la société, constituaient, sous ce rapport, au profit de ladite société, une aliénation et une vente qui, aux termes des articles 18 du Code de commerce, et 1845 du Code civil, soumettaient Laguérenne aux obligations imposées par la loi au vendeur envers son acheteur :

» D'où il suit que la falsification des vins dont il s'agit rentre, à un double point de vue, dans l'application des nos 1 et 2 de l'article 1er de la loi du 27 mars 1851 ;

» Que, dès lors, l'arrêt attaqué a violé, en ne les appliquant pas, les dispositions de lois susvisées ;

» Casse et annule l'arrêt rendu, le 26 mars dernier, par la cour impériale de Bordeaux, chambre des appels de police correctionnelle, et pour être statué sur la prévention, renvoie Laguérenne dans l'état où il se trouve, ainsi que les pièces de la procédure, devant la cour impériale de Poitiers. »

VINS CORROMPUS

Connaissance par le vendeur de cet état de détérioration. — Accidents morbides. — Condamnation. — Destruction des vins.

En mars dernier, un sieur H..., marchand de vins dans le Doubs, expédie plusieurs fûts à des habitants de communes rurales du Haut-Rhin. L'usage de ces liquides occasionna des indispositions nombreuses, mais de gravité différente, depuis de simples tranchées jusqu'à des dyssenteries intenses et de longue durée.

Les vins furent saisis et livrés à l'analyse, et l'on reconnut qu'ils étaient naturels, mais qu'ils contenaient en quantité notable « de l'acide lactique, ou autre acide très-voisin, qui apparaissait comme produit d'une fermentation vicieuse du moût de raisin. » Leur absorption, d'après les experts, sans occasionner d'accidents immédiats, pouvait provoquer une irritation des voies digestives, et un effet peu favorable et peu réparateur sur l'économie animale.

Traduit devant le tribunal correctionnel de Mulhouse, H... allégua qu'il avait expédié ces vins en parfait état, francs de toute adultération, et il attribua leur détérioration soit aux effets du transport, soit au défaut de soin des acheteurs.

Le tribunal a adopté ce système et a relaxé H... des poursuites; sur l'appel du ministère public, la cour impériale de Colmar (chambre correctionnelle) a, dans son audience du 4 août, infirmé ce jugement et condamné H... à un mois d'emprisonnement et à 50 francs d'amende. De plus, l'arrêt a ordonné la destruction des vins aux frais du condamné.

La cour a admis comme constant que les vins étaient naturels et exempts de tous mélanges frauduleux avec des vins de qualité différente; aussi a-t-elle écarté tout reproche de falsification; mais elle a considéré qu'un voyage de cinq jours au mois de mars ou une mauvaise installation des vins chez les acheteurs pendant quelques jours ne pouvaient avoir amené l'état de décomposition signalé par l'expertise, que la fermentation vicieuse du moût qui l'a occasionné remonte à l'époque de la fabrication des vins fixée par H... lui-même à 1860; elle déclare que celui-ci avait indignement abusé de la pauvreté et de l'ignorance de ses acheteurs, les avait alléchés par l'appât d'un bon marché apparent et leur avait expédié une boisson qu'il savait corrompue et que l'expérience a démontrée malfaisante.

En conséquence, la cour lui a fait l'application de l'article 1er, § 2, de la loi du 27 mars 1851, qui soumet aux peines de l'article 423 du Code pénal ceux qui vendent ou mettent en vente, sachant qu'elles sont falsifiées ou corrompues, des substances alimentaires, au nombre desquelles les boissons ont été nommément classées par la loi spéciale du 5 mai 1855.

Ajoutons que la condamnation corporelle n'aurait pu être d'une durée inférieure à trois mois, si la cour n'avait admis des circonstances atténuantes au profit de H...

On remarque que la culpabilité en pareille matière suppose la connaissance acquise au vendeur de l'état de falsification ou de corruption des denrées ou liquides.

En effet, comme il a été expliqué lors de la discussion de 1851, la loi n'a pas voulu punir le marchand qui, trompé lui-même, livrerait sans le savoir une marchandise avariée, mais celui-là seul qui a sciemment trompé son acheteur.

VIN MÉLANGÉ D'EAU ET DE 3/6

M. Paul Coudray, négociant à Saint-Seurin d'Uzet, était accusé d'avoir falsifié son vin en y mêlant de l'eau et du 3/6, et de l'avoir vendu ainsi adultéré au commerce de Bordeaux.

Ce sont les recensements opérés par l'administration des contributions indirectes qui ont fait découvrir ces falsifications, M. Coudray ayant déclaré que les 3/6 manquant dans ses magasins avaient été versés par lui sur ses vins. Quant aux excédants sur les vins produits par les additions d'eau, ils avaient été couverts, disait l'accusation, à l'aide d'acquits fictifs.

On a entendu un grand nombre de témoins dans cette affaire. Sept ou huit négociants de Bordeaux sont venus déclarer que les vins qui leur avaient été fournis par M. Coudray étaient marchands, qu'ils avaient bien supporté les coupages, qu'ils en avaient tiré un bon parti et n'avaient pas eu à s'en plaindre. On a opposé à quelques-uns d'entre eux les lettres qu'ils avaient écrites à M. Coudray, et dans lesquelles ils lui reprochaient la mauvaise qualité de ses vins, qui étaient *troubles, détestables, invendables,* etc. Ces témoins ont répondu qu'il était d'usage dans le commerce de se plaindre toujours, d'exagérer ses griefs, afin d'obtenir mieux encore à une prochaine livraison ; que cela ne les avait pas empêchés de faire de nouvelles commandes à M. Coudray, ainsi que les mêmes lettres en justifiaient.

Des ouvriers tonneliers de M. Coudray ont déposé qu'ils avaient quelquefois été employés à verser de l'eau et du 3/6 sur les vins, et que ces boissons, mises en barriques, avaient été roulées par eux sur le quai pour être embarquées.

M. Coudray a répondu que les négociants de Bordeaux lui demandaient des vins à cinq degrés et à un prix bien inférieur à celui où ils se vendaient en Saintonge, il fallait bien qu'il les ramenât au degré indiqué, en les affaiblissant avec de l'eau et en les remontant avec du 3/6. Quant aux résidus soumis à l'analyse des experts chimistes, et que ces derniers, MM. Chenier et Leimarie, ont déclaré être infects et impropres à la distillation, M. Coudray a répondu qu'ils provenaient des lies de ses vins soutirés, et qu'il les avait brûlés en les étendant d'une grande quantité d'eau, seule manière de pouvoir les distiller.

M. Sachet, procureur impérial, s'est élevé avec une très-grande énergie contre les manœuvres coupables attribuées à M. Coudray, qu'il a qualifié de *fraudeur émérite*, en appelant sur lui toute la sévérité de la justice. Il a signalé l'accroissement effrayant de ces sortes de fraudes dans la Charente-Inférieure depuis deux ou trois ans, fraudes dont gémit le commerce honnête, et qu'une répression vigilante et implacable doit atteindre et punir partout où elles se produisent.

Me Luraxe, défenseur de Coudray, a fait ressortir les bons antécédents et la probité commerciale de son client. Il a expliqué les usages et la tolérance du commerce en matière de boissons; il a montré, par les dispositions mêmes des négociants de Bordeaux, que M. Coudray ne les avait pas trompés, qu'ils savaient bien ce qu'ils achetaient, et que, demandant des vins à 150 ou 160 fr. le tonneau lorsqu'ils en valaient 300 en Saintonge, des vins à cinq degrés lorsqu'ils pesaient huit sur les lieux de production, ce n'étaient pas des vins purs qu'ils prétendaient acheter, et qu'ils savaient parfaitement à quoi s'en tenir à ce sujet.

Le tribunal a condamné Coudray à un an de prison, à 50 fr. d'amende et aux frais, à l'affiche du jugement dans tous les chefs-lieux de canton de l'arrondissement, à l'insertion dans quatre journaux.

VIN CONTENANT DE L'ALUN

Un jugement du tribunal correctionnel de Bone, porté devant la cour impériale d'Alger, a donné lieu à une singulière découverte chimique; ce qui prouve une fois de plus que la science n'a pas encore dit son dernier mot en toute chose, et que le chimiste à qui une analyse est confiée doit procéder avec circonspection.

Les vins du Midi de la France, et probablement tous les vins en général, renfermeraient des quantités plus ou moins considérables d'alun normal. Or, jusqu'ici l'alun a été consi-déré comme une substance toxique, et l'addition de cette substance dans les vins constitue à tort un délit passible des tribunaux correctionnels. Ces faits intéressent trop vivement le commerce des vins du Midi de la France pour que nous ne racontions pas en peu de mots les circonstances qui ont amené la chimie à ces curieux résultats.

Une honorable maison de Toulon, la maison Courret et Cie, possède une succursale à Bone. Le gérant de la maison de Bone fut traduit, il y a peu de temps, devant le tribunal cor-rectionnel, sous la prévention d'addition d'alun sur des vins saisis en magasin. L'expérience chimique ayant démontré la présence du sulfate d'alumine, le gérant fut condamné à l'amende, un mois de prison, etc.

L'appel du jugement fut porté par M. Courret devant la cour impériale. De nouvelles expertises furent ordonnées.

La chambre de commerce de Toulon s'émut d'un procès qui portait atteinte autant à l'honorabilité d'un négociant dont la longue carrière n'avait jamais été entachée même par un soupçon, qu'à l'avenir même des vins du Midi. Le président de la chambre fit étudier officiellement la question sur les lieux; cette étude fut confiée à M. Hugoulin, pharmacien-major de la marine, chimiste distingué, dont le nom est bien connu en chimie légale.

M. Hugoulin fit une série d'expériences sur divers échantil-lons de vins de provenance sûre, et trouva dans tous des quantités d'alun plus considérables encore que celles trouvées par l'expertise de Bone sur les vins incriminés. La copie léga-lisée du rapport fut adressée par la chambre de commerce, pour les nouveaux débats, devant la cour impériale d'Alger.

Un jugement motivé a renvoyé honorablement et sans dé-pens la maison Courret de la plainte.

Eaux-de-vie

MÉLANGE DE 3/6 ET D'EAU DANS LES EAUX-DE-VIE DE COGNAC AVANT LA DISTILLATION

COUR IMPÉRIALE DE POITIERS (chambr. correct.)

PRÉSIDENCE DE M. LAVAUR

Audiences des 16, 17 et 18 juin

CAROTTEURS. — DOUZE PRÉVENUS. — PARTIE CIVILE. — RECEVABILITÉ. — EAUX-DE-VIE DE VIN. — EAUX-DE-VIE DU NORD. — MÉLANGE DÉLICTUEUX. — ESCROQUERIE. — ABUS DE CONFIANCE.

L'action de distiller des eaux-de-vie de vins mélangées avec de l'eau et des trois-six du Nord, faite avec intention de revendre le produit de cette distillation comme eau-de-vie du pays, constitue un délit atteint et puni par la loi du 5 mai 1855.

L'industrie de l'intermédiaire appelé carotteur, consistant à acheter chez les négociants en gros des trois-six du Nord pour les revendre secrètement aux cultivateurs pour servir à faire des mélanges avec les brolis ou premiers produits obtenus de la distillation du vin de leur récolte, ne renferme pas les caractères de l'escroquerie vis-à-vis du négociant vendeur des trois-six.

L'action civile en réparation du dommage causé n'est pas de la compétence de la juridiction correctionnelle, si ce dommage ne résulte pas nécessairement du délit incriminé et poursuivi.

Un fait nouveau résultant du débat ne peut donner lieu à une condamnation, si le prévenu n'a pas été mis en demeure de préparer ses moyens de défense sur le nouveau délit qu'il constituerait.

Ces graves questions résultent de l'arrêt que nous rapportons.

On y verra que, par suite de l'abus déplorable qui envahit toutes les industries, de falsifier toutes les denrées, on ne peut plus être sûr d'avoir de l'eau-de-vie de Cognac pure, même en l'achetant chez un fabricant de Cognac. Souvent, au lieu de véritable eau-de-vie, on vend un horrible mélange d'esprit de grain, de betterave ou autre, additionné pour la forme d'un peu d'eau-de-vie de vin.

« LA COUR,

» Attendu qu'il résulte des débats et des documents de la cause qu'un grand nombre de propriétaires des vignobles des deux Charentes se livrent à la falsification des eaux-de-vie, en mêlant au produit de leur récolte une certaine quantité de trois-six du Nord, pour vendre ensuite ce mélange comme eau-de-vie pure de Saintonge;

» Attendu que le besoin d'assurer le secret des falsifications paraît avoir depuis longtemps donné naissance à une coupable industrie, dont les agents sont connus dans le pays sous la dénomination de *carotteurs*;

» Que l'industrie des *carotteurs* consiste à faire l'achat des trois-six dans les magasins en gros, et à les revendre aux propriétaires fraudeurs en prenant l'engagement de les transporter dans leurs chaix à l'insu de leurs voisins et sans déclaration à la régie; qu'ils exécutent cet engagement en faisant voyager les trois-six au milieu de la nuit, après avoir pris toutes les précautions nécessaires pour échapper à la vigilance des agents des contributions indirectes;

» Attendu, dans l'espèce, que, dans les derniers mois de 1863, une sorte d'association s'est formée entre Mainguenaud, Donzeau, Nezereau, David père, David fils et Lucas, à l'effet de procurer des trois-six aux propriétaires de l'arrondissement de Saint-Jean-d'Angély et des arrondissements circonvoisins; que Mainguenaud, chef apparent de l'association, faisait, de concert avec Donzeau, et ensuite avec Nezereau, les achats et la revente des trois-six; que David père et David fils se joignaient à Mainguenaud pour escorter les transports, et que Lucas intervenait auprès des acheteurs pour leur faire souscrire en payement de la marchandise des billets qu'il remettait le plus souvent à Nezereau, qu'il avait pris particulièrement à son service ;

» Que cette association a procuré des trois-six aux nommés Hupaud, Charrier, Séguin, Jacob, Daigne et Millasseau, lesquels ont vendu les produits de leurs falsifications comme eaux-de-vie de leur récolte, et qu'elle n'a cessé de fonctionner que par suite de l'arrestation de ceux qui la composaient ;

» Attendu qu'après avoir ainsi constaté les faits généraux de la cause, il y a lieu d'apprécier, en fait et en droit, chacun des chefs de prévention relevés par l'ordonnance de renvoi et par le jugement dont est appel ;

» Sur le double chef de falsification de boissons et vente de boissons falsifiées imputé à Hupaud, Séguin, Jacob, Millasseau, Daigne ;

» Attendu qu'il est établi par l'instruction et avoué par les prévenus :

» 1º Que, dans le courant de 1863, ils ont distillé avec les vins de leur récolte une certaine quantité d'eau et de trois-six, avec l'intention de vendre ce mélange comme le produit pur de la distillation du vin ;

» 2º Qu'ils ont vendu cette boisson, qu'ils savaient être falsifiée, à divers commerçants, en la faisant passer pour le produit naturel de leur récolte ;

» Attendu que les faits qui viennent d'être établis à la charge des prévenus Hupaud, Séguin, Jacob, Millasseau et Daigne, constituent le double délit prévu par les articles 1er, §§ 1er et 2 de la loi du 27 mars 1851, et par l'article 1er de la loi du 5 mai 1855 ; lequel délit est puni des peines de l'article 423 du Code pénal ;

» Sur le chef de falsification de boissons imputé à Corbrat :

» Attendu que les mélanges et coupages de boissons ne constituent pas par eux-mêmes une falsification illicite, mais qu'ils deviennent délictueux s'ils ont été faits avec l'intention de tromper les acheteurs sur la nature de la marchandise;

» Attendu que, s'il est établi que Corbrat a introduit dans ses eaux-de-vie une certaine quantité de trois-six, on ne rencontre dans la cause aucun fait extérieur dénotant que ce mélange a été fait avec l'intention de le vendre comme eau-de-vie pure de Saintonge;

» Qu'il y a lieu, dès lors, de maintenir la disposition du jugement qui le relaxe de la poursuite;

» Sur le chef de complicité de la falsification Hupaud, imputé à Mainguenaud, Donzeau, David père et David fils : ·

» Attendu qu'il est établi par les débats :

» Que, depuis longtemps tourmenté par Mainguenaud pour acheter des trois-six, le prévenu Hupaud s'était décidé à en prendre une pièce qui lui fut vendue par Donzeau; que, la veille de la livraison, Mainguenaud, Donzeau et les deux David vinrent l'avertir de l'arrivée prochaine de la marchandise, et que les deux premiers lui expliquèrent qu'en mêlant ce trois-six par tiers avec de l'eau et le produit de sa récolte, il pouvait gagner beaucoup d'argent;

» Qu'en effet, dans la soirée du 10 novembre 1863, Mainguenaud et Donzeau partirent de Saint-Jean avec la pièce de six hectolitres cinquante litres qu'ils avaient achetée de M. Duport; qu'arrivés à Mortier, domicile de Mainguenaud indiqué sur l'acquit-à-caution comme destinataire de la pièce, les deux prévenus insistèrent auprès du roulier pour qu'il conduisît la pièce jusqu'à la demeure du propriétaire auquel ils l'avaient vendue, lui promettant 10 fr. de plus; qu'ayant été rejoints par David fils, ils arrivèrent ensemble entre onze heures et minuit au village de la Gimbaudière, où ils étaient attendus par Hupaud;

» Que les trois prévenus, Mainguenaud, Donzeau et David fils étaient armés chacun d'un fusil à deux coups; qu'ils dirent, en arrivant à la Gimbaudière, qu'ils s'étaient ainsi armés pour les commis; que s'ils venaient, ils avaient six coups, et que le roulier ajouta « que sa tavelle valait mieux que tout cela ; »

» Que, le lendemain de ce transport, l'acquit-à-caution fut remis à Mainguenaud, qui s'empressa de le détruire ;

» Attendu qu'il résulte de ces faits rapprochés des habitudes du pays, qui ont été constatées au commencement de cet arrêt : 1° que Mainguenaud et Donzeau ont donné des instructions à Hupaud pour commettre le délit de falsification de boissons dont il s'est rendu coupable; 2° que lesdits Mainguenaud, Donzeau et David fils ont procuré sciemment à Hupaud les troix-six qui ont servi aux falsifications, circonstances qui constituent à la charge desdits Mainguenaud, Donzeau et David fils la complicité définie par l'article 60 du Code pénal ;

» Sur le chef de complicité de la falsification Charrier, imputé à Mainguenaud, David père, David fils, Nezereau et Lucas :

» Attendu qu'il est établi par les débats qu'à la fin de novembre 1863, Jean Charrier, propriétaire aux Martinières, commune de Montigné, avait acheté de Mainguenaud deux pièces de trois-six qu'il a employées à falsifier ses eaux-de-vie, et que, par un jugement du 21 janvier 1854, le tribunal correctionnel d'Angoulême a condamné ledit Charrier en quinze jours d'emprisonnement à raison de ladite falsification ;

» Que les circonstances de la livraison de trois-six faite à Charrier ne permettent pas de douter de la complicité des cinq prévenus ;

» Qu'en effet, le 29 novembre, Mainguenaud et Nezereau, son nouvel associé, se rendirent à Saint-Jean pour prendre livraison de cinq pièces de trois-six et dédoublé, achetées de Duport; que ces pièces furent expédiées dans la soirée du 30 avec un acquit-à-caution au nom de Mainguenaud et à la destination de Mortier, son domicile ;

» Qu'en arrivant vers minuit sur la limite des deux Charentes, le roulier se vit rejoindre par Mainguenaud, Nezereau, David fils, et ensuite par David père ; que les prévenus firent arrêter le chargement à trois cents mètres en deçà de Mortier, à un moulin à vent dit le Moulin de Beguette, hameau isolé et depuis longtemps choisi par les fraudeurs pour y déposer leur marchandise ; que Mainguenaud dit : « C'est là mon magasin, » et qu'on déchargea les pièces dans un bâtiment de cinq mètres, où il n'y avait aucune autre futaille ; que peu de temps après l'acquit-à-caution fut remis à Nazereau, qui le serra dans son portefeuille en disant : « Demain il faudra ouvrir les yeux ; »

» Que, dans la même nuit, deux pièces de trois-six furent conduites au domicile de Charrier : la première, sous l'escorte de Mainguenaud et David fils, qui étaient armés de fusils ; la seconde, sous l'escorte de Mainguenaud et de David père ;

» Que, postérieurement à cette livraison, Lucas vint aux Martinières faire souscrire à Charrier, en payement des trois-six, deux billets s'élevant ensemble à 1,300 fr., qui furent employés au profit de Nezereau ;

» Attendu qu'il ressort complétement de la réunion de ces faits que dans cette affaire, comme dans la précédente, les cinq prévenus ont fourni des trois-six à un propriétaire, sachant très-bien qu'ils étaient destinés à la falsification de ses eaux-de-vie ;

» Circonstance qui constitue la complicité prévue par l'article 60 du Code pénal ;

» Sur le chef de complicité des falsifications Séguin et Jacob, imputé à Mainguenaud, David père, David fils, Nezereau et Lucas :

» 1° Attendu que le 19 novembre, à la foire de Neuvic-sous-Matha, Séguin acheta de Mainguenaud une pièce de trois-six à raison de 100 fr. l'hectolitre, nette de droits : que cette pièce lui fut conduite par Mainguenaud et David père, le premier, armé de son fusil, dans la nuit du 2 décembre ; que quelques jours après Mainguenaud revint avec Lucas pour faire régler le payement de cette fourniture ;

» Attendu qu'en dehors de ces circonstances caractéris-

.iques de la complicité des prévenus Mainguenaud, David père et Lucas, il a été appris aux débats que Mainguenaud avait indiqué lui-même à Séguin la manière de se servir des trois-six pour falsifier ses eaux-de-vie ;

» D'où il suit que Mainguenaud, David père et Lucas se sont rendus complices de la falsification des boissons commises par Séguin ;

» 2º Attendu qu'à la même foire du 19 novembre, Jacob acheta de Mainguenaud une pièce de dédoublé au prix de 100 fr., net de frais de régie et de transport, et que la livraison lui fut faite dans les circonstances suivantes :

» Que, le 4 décembre, Mainguenaud proposa aux sieurs Allemand et Tillaud de conduire trois barriques de vin au Breuil-de-Rouillac; que ces rouliers, étant partis vers huit heures du soir, trouvèrent sur leur chemin Mainguenaud et Nezereau, qui leur apprirent qu'au lieu d'aller à Mortier, ils chargeraient au moulin de Béguette; que là, on chargea une pièce de trois-six, et comme les rouliers ne voulurent pas partir sans être payés à l'avance, Nezereau leur remit une pièce de vingt francs; qu'en passant à Mortier, Nezereau s'arrêta pour y coucher, mais que Mainguenaud continua à escorter le chargement armé de son fusil; que Mainguenaud fit alors connaître aux rouliers qu'au lieu d'aller au Breuil-de-Rouillac ils iraient à Saint-Amand-de-Nouère; qu'avant d'arriver à cet endroit ils rencontrèrent le propriétaire, qui leur dit qu'il les avait attendus la nuit précédente, et qui les fit entrer dans une petite cour de derrière pour ne pas être entendus des voisins ;

» Qu'après avoir assisté au déchargement des trois-six, ce propriétaire, qui n'était autre que Jacob, demanda à Mainguenaud la manière de se servir du trois-six, et que celui-ci expliqua qu'on pouvait employer les alcools, soit en les faisant bouillir avec le vin, soit en les coupant avec les eaux-de-vie; que ce dernier moyen était le plus avantageux;

» Attendu que l'on rencontre dans l'ensemble de ces faits,

à la charge des prévenus Mainguenaud et Nezereau, tous les éléments de la complicité définie par la loi pénale ;

» Sur les chefs de complicité de la falsification Millasseau, Daigne et Corbrat, imputés à Mainguenaud, David fils et Nezereau :

» Attendu qu'il résulte des débats que Mainguenaud et David fils ont vendu à Millasseau, Daigne et Corbrat des trois-six qu'ils devaient brûler avec leur vin ; que cet alcool a été livré par David fils en présence de Nezereau ;

» Que ces faits, déjà caractérisés par le présent arrêt constituent, à la charge de Mainguenaud, Nezereau et David fils, la complicité définie par l'article 60 du Code pénal ;

» Sur le chef de tromperie sur la nature de la marchandise livrée à Corbrat, imputé à Mainguenaud, Nezereau et Lucas :

» Attendu que s'il résulte de l'information que le trois-six soumis par Corbrat à la vérification des hommes compétents ne présentait que le poids de douze degrés du pays, au lieu du poids de seize degrés qu'il devait avoir, aux termes du marché, il n'est aucunement établi que l'abaissement du degré de ce liquide ait été opéré par le fait de Mainguenaud, Nezereau et Lucas ;

» Qu'il y a lieu de maintenir, sur ce point, la relaxance prononcée par les premiers juges ;

» Par ces motifs,

» Déclare Hupaud, Séguin, Jacob, Millasseau et Daigne coupables des délits de falsifications de boissons et vente de boissons falsifiées ;

» Déclare Mainguenaud, Nezereau, Donzeau, David père, David fils et Lucas coupables de complicité desdites falsifications de boissons et de la falsification commise par Charrier, déjà condamné de ce chef ;

» Condamne lesdits Hupaud, Séguin, Jacob, Millasseau et Daigne à huit jours d'emprisonnement et les trois premiers à 50 fr. d'amende ;

» Condamne Mainguenaud, comme complice de tous les

prévenus, à un an d'emprisonnement et 50 fr. d'amende;

» Condamne Nezereau, comme complice de Jacob, Millasseau et Charrier, à dix mois d'emprisonnement et 50 fr. d'amende;

» Condamne Donzeau, comme complice de Hupaud, à six mois d'emprisonnement et 50 fr. d'amende;

» Condamne David père, comme complice de Séguin et Charrier, à six mois d'emprisonnement et 50 fr. d'amende;

» Condamne David fils, comme complice de Hupaud et Charrier, à six mois d'emprisonnement et 50 fr. d'amende;

» Condamne Lucas, comme complice de Séguin, Daigne et Charrier, à trois mois d'emprisonnement et 50 fr. d'amende;

» Ordonne l'affiche et la publication par extrait du présent arrêt, dans les lieux et les journaux indiqués par les premiers juges.. »

Vinaigre

FAUSSE GARANTIE

TRIBUNAL CORRECTIONNEL D'ORLÉANS

D'un jugement par défaut, devenu définitif, rendu sur la poursuite de M. le procureur impérial par la chambre correctionnelle du tribunal de première instance d'Orléans, le 3 septembre 1857, contre : 1º François-Étienne Bourdon, marchand de vinaigre, né à Orléans (Loiret), y demeurant; 2º Jean-Baptiste Rouilly, vinaigrier, né à Saint-Jean-de-la-Ruelle (Loiret), y demeurant; 3º Auguste Ruet, vinaigrier, âgé de trente-sept ans, né à Ingré (Loiret), demeurant à Saint-Jean-de-la-Ruelle; 4º François Ruet, vinaigrier, âgé de trente ans, né à Ingré, demeurant à Saint-Jean-de-la-Ruelle;

A été extrait ce qui suit : le tribunal considérant que Bourdon-Cointepas ne comparaît pas, quoique régulièrement cité, donne défaut contre lui;

14.

Considérant que Bourdon vendait à Rouilly, Auguste Ruet et François Ruet, comme vinaigre de vin, des vinaigres de qualité inférieure, qui étaient des vinaigres de pressurage, et en faisant entrer dans la composition de ce vinaigre des substances étrangères, dans le but d'en augmenter la densité, a trompé ses acheteurs sur la nature de la marchandise ;

Que Rouilly, Auguste Ruet et François Ruet, en ajoutant du caramel à ce vinaigre qu'ils ont vendu au sieur Breton-Lorion, ont augmenté le poids de ce vinaigre et trompé ainsi leur acheteur sur la nature de la marchandise vendue ;

Que tous les inculpés ont par ce moyen commis le délit de falsification prévu et puni par les articles 1, 5 et 6 de la loi du 27 mars 1851 et 423 du Code pénal ;

Mais, considérant qu'il existe dans la cause des circonstances atténuantes, condamne Bourdon-Cointepas à 200 fr. d'amende ; Rouilly, Auguste Ruet et François Ruet chacun à 100 fr. d'amende ;

Maintient la saisie faite des vinaigres et les met à la disposition de l'administration pour être attribués aux établissements de bienfaisance ; les condamne en outre à l'insertion du jugement et aux dépens.

D'un jugement rendu contradictoirement par le même tribunal et à la même date, contre le nommé Jean Bouchereau, tonnelier vinaigrier, âgé de cinquante-sept ans, demeurant à la Varenne (Maine-et-Loire), a été extrait ce qui suit :

Le tribunal, considérant qu'il est judiciairement établi que, au cours de 1857, Jean Bouchereau a vendu au sieur Coudière, négociant à Orléans, par l'intermédiaire de Pichon et Alluau, quinze quarts de vinaigre dans la composition duquel il a fait entrer 250 grammes de sel marin par hectolitre ; ce qui constitue le délit de falsification et de tromperie sur la nature de la marchandise, prévu par l'article 423 du Code pénal ;

Mais considérant qu'il existe dans la cause des circonstances atténuantes :

Condamne Jean Bouchereau à 100 fr. d'amende, maintient la saisie des vinaigres et les met à la disposition de l'adminis-tration pour être attribués aux établissements de bienfaisance ; le condamne en outre à l'insertion du jugement, etc.

Sirops

C'est par centaines que nous pourrions donner les jugements qui condamnent les fabricants et débitants de sirops qui ne sont pas fabriqués selon la formule du Codex. En voici un entre tous.

« Le tribunal.....

» ..... Attendu que X... a fabriqué et mis en vente divers » sirops, notamment du sirop de gomme ;

» Qu'il résulte de l'analyse qui a été faite de ce sirop qu'il » n'est pas composé selon la formule du Codex.....

» Condamne X... à 16 fr. d'amende. »

CIRCULAIRE DE M. LE DIRECTEUR GÉNÉRAL

AUX CHEFS DE SERVICE DES CONTRIBUTIONS INDIRECTES.

Une décision ministérielle du 25 août dernier a autorisé le coupage des alcools étrangers en entrepôt, sous la surveillance du service, à la condition que les marques des tonneaux ne seraient pas modifiées.

Des négociants d'une de nos principales villes maritimes ont exposé l'embarras du commerce pour satisfaire à cette condi-tion, et demandé l'autorisation :

1º De colorer et d'adoucir les alcools étrangers au moyen de sirops ;

2º De les loger dans des fûts ou bouteilles.

Cette demande a conduit l'administration à examiner si le moment ne serait pas venu d'abandonner toutes les restric-tions dont on a entouré le mélange des alcools étrangers.

En fait, le commerce a déjà toutes facilités pour le mélange des vins. Les vins de Bordeaux et de Bourgogne sont travaillés sur une grande échelle avec des vins du Roussillon ou de l'Espagne. Ces manipulations ne sont un secret pour personne, et pourtant on ne saurait admettre que la bonne renommée de nos vins importe moins que celle de nos eaux-de-vie.

Évidemment, si les alcools étrangers étaient exempts de droits d'entrée ou n'acquittaient, comme nos vins, qu'une taxe insignifiante, le commerce, au lieu de les placer en entrepôt, les logerait dans ses propres magasins, et rien n'empêcherait alors de les travailler librement. Les interdictions actuelles ne tiennent donc pas à la nature des choses; elles se rattachent à l'impôt, et ne se justifient pas mieux, en principe, que ne se justifierait aujourd'hui l'application des anciens règlements sur les procédés de fabrication. On n'aperçoit pas d'ailleurs où sont les intérêts légitimes qu'elles pourraient servir.

Nos bonnes eaux-de-vie naturelles de la Saintonge et de l'Armagnac n'ont aucune concurrence à craindre. Leur saveur délicate ne saurait être imitée, et les producteurs de ces contrées, pour être autorisés à s'opposer aux mélanges du commerce, devraient renoncer eux-mêmes aux coupages, qu'on impute justement, depuis quelques années, à un grand nombre d'entre eux.

La production du Languedoc n'aurait pas plus à gagner au maintien des interdictions de mélange. Pour le présent, elle est à peu près désintéressée dans le débat, puisque nos vins du Midi, depuis la cherté survenue à la suite de la maladie de la vigne, sont presque tous consommés en nature.

Pour l'avenir, ses intérêts sont solidaires de ceux du commerce. Nous avons dû, en effet, suppléer à la pénurie de nos 3/6 du Languedoc par des alcools de betterave et de grains. Or, l'Allemagne et l'Angleterre, qui nous ont précédés dans cette fabrication, l'ont portée à un degré de perfection fort remarquable. Leurs esprits d'industrie sont, en général mieux préparés, mieux logés que les nôtres, vendus à plus bas prix. Le commerce étranger, en les colorant, imite nos eaux-de-vie communes d'exportation, et nous supplante sur les marchés de l'Inde, de la Chine, de l'Australie et de l'Amérique. Si, pour lutter avec des produits de même espèce, nous n'avions pas les mêmes facilités de manipulation, nous pourrions bientôt perdre des débouchés qu'il ne serait peut-être pas facile de reconquérir le jour où l'abondance de nos récoltes ferait renvoyer de nouveau à l'alambic nos gros vins du Midi.

L'Administration a donc pensé qu'il y avait lieu d'autoriser le commerce à mélanger les alcools étrangers en entrepôt, à les couper, à les adoucir, à les colorer, à les loger enfin selon ses convenances, sous la surveillance du service, et sous la seule réserve de ne pas appliquer aux récipients des étiquettes ou marques quelconques d'origine française.

Cette opinion ayant été adoptée par Leurs Excellences les ministres des finances et de l'agriculture et du commerce, je vous invite à donner des instructions en conformité au service, et à en informer le commerce.

Le conseiller d'État, directeur général,

Signé : BARBIER.

LISTE

DES

PRINCIPALES PRÉPARATIONS ŒNOLOGIQUES

PROPRES

A L'AMÉLIORATION DES BOISSONS

FABRIQUÉES DANS LE LABORATOIRE

de V.-F. LEBEUF et Cᵉ

A ARGENTEUIL (SEINE-ET-OISE)

Toutes ces préparations sont parfaitement inoffensives ; plusieurs sont autorisées par la police, d'autres ont été l'objet de récompenses aux expositions françaises ; enfin, toutes sont salubres et ne présentent aucun inconvénient dans leur emploi.

Le laboratoire œnologique de MM. Lebeuf, ouvert dès la fin de 1855, se recommande par la perfection de ses préparations, et des études continuelles sans lesquelles il est impossible de se tenir au niveau de la science et des besoins du commerce.

Toutes les opérations relatives aux liquides y sont pratiquées, concurremment avec la fabrication des produits spéciaux qu'elles exigent.

Pour se procurer les préparations dont la liste est ci-dessous, on doit s'adresser directement à MM. Lebeuf et compagnie, à Argenteuil ; attendu que leur maison de Paris n'expédie pas en province, en raison des droits d'octroi considérables dont les produits sont frappés à l'entrée dans Paris et qui ne sont pas restitués à la sortie.

Ambréine, pour donner aux vins nouveaux la couleur jaune du vin vieux colorer en jaune les vins blancs, vermouth, etc. ; la dose pour 230 litres. 1 fr. 50

Arome du rhum pour remonter en goût et en parfum les rhums qui ont été allongés avec des 3/6 : le flacon pour 100 litres..................... 6 fr.

Bouquet de raisin, pour aromatiser les coupages de betteraves et leur donner le goût des bonnes eaux-de-vie; le demi-litre pour 100 litres.... 5 fr.

Bouquet œnanthique du Midi, pour donner aux vins le bouquet et la sève des vins vieux ; le flacon pour 230 litres...................... 2 fr.

Bouquet de Pomard et de Bourgogne, donne au vin le goût et le parfum du vin vieux de Bourgogne; le flacon pour 230 litres.......... 3 fr.

Charentaise, pour colorer les eaux-de-vie et leur donner le goût et la couleur des eaux-de-vie de la Charente; le litre pour 10 hect........ 4 fr.

Couleur rouge pour liqueurs et sirops. Pour 100 litres........... 5 fr.

Couleur verte en poudre, pour colorer les absinthes et liqueurs. — Avec cette poudre on obtient en quelques heures une belle couleur verte qui résiste à la lumière; le paquet pour 100 litres..................... 1 fr. 50

Désacidifieur, pour détruire l'acidité des vins nouveaux, les adoucir et les conserver; le demi-kilo pour 6 hectolitres..................... 5 fr.

Durcisseur des vins, pour relever la saveur des vins fades, ranimer ceux qui sont plats, peu alcooliques; le flacon pour 230 litres...... 1 fr. 50

Elixir de Cognac, préparation nouvelle et perfectionnée pour donner à tous les dédoublages, coupages et eaux-de-vie, le goût, le bouquet et la saveur des eaux-de-vie de Cognac; le flacon pour 100 litres................... 5 fr.

Essence de Cognac (*garantie*). Communique aux eaux-de-vie de betteraves et de grains le goût des cognacs; le flacon pour 100 litres........ 5 fr.

Essence de Madère, Muscat, Malaga, Alicante, Vermouth, Porto, Lacryma-Christi, Grenache, Xérès, Tokaï, etc., pour les fabriquer avec du vin ordinaire; la dose pour 25 litres................ 5 fr.

Essence de Punch au Rhum, au Kirsch, de Punch-Grassot ; la dose pour en faire 25 litres.. 5 fr.

Essence de Rhum, essence de Kirsch, extrait concentré d'Absinthe, pour les faire avec de l'alcool; la dose pour 50 litres.... 5 fr.

Éther de Fine Champagne, donne aux eaux-de-vie de betteraves le goût des fines champagnes; le flacon pour 100 litres.................. 5 fr.

Extraits parfumés pour fabriquer les liqueurs, telles qu'anisette, chartreuse, Raspail, curaçao, noyaux, bitter, parfait-amour, rosolio, huile de rose, vespétro, vanille, Mézenc, garus, genepi des Alpes, cassis, scubac, crème de menthe, marasquin, eau d'or, et autres; la dose pour 25 litres.......... 4 fr.

Extrait de Bordeaux ou Sève de Médoc. Un flacon suffit pour donner le bouquet des vins du Médoc à une barrique de 230 litres..... 2 fr.

Fleur de vieux cognac, préparation anglaise pour imiter l'eau-de-vie de Cognac, avec des 3/6 d'industrie ; le demi-litre pour 100 litres....... 7 fr.

Gélatine épurée pour la clarification des vins nouveaux, inodore et ne décolorant pas (nouveau procédé) ; le demi-kilo.................... 3 fr.

Maladie des vins. Les altérations qui surviennent le plus souvent aux vins sont *l'aigre, l'amer, la graisse, la moisissure, la pousse, etc.* ; chaque maladie est guérie au moyen d'un produit. La dose pour 230 litres...... 3 fr.

(*Il est indispensable d'indiquer la maladie d'une manière précise. Si on ne la connaissait pas, il serait bon d'envoyer franco à notre fabrique, à Argenteuil, un échantillon du vin malade, pour éviter tout traitement inopportun ou onéreux.*)

Mèches soufrées perfectionnées, le kilo, 90 c. ; à la violette.. 1 fr.

Poudre anglaise pour clarifier indistinctement tous les vins, les bonifier ; le demi-kilo ; pour 65 à 80 hectolitres........................... 5 fr.

Poudre clarifiante des eaux-de-vie, pour clarifier, affiner les eaux-de-vie et faire sortir leur bouquet. Le demi-kilo....................... 5 fr.

Poudre décolorante et clarifiante des vinaigres, pour décolorer les vinaigres rouges, sales, ou noirs ; le kilo pour 10 à 15 hecto...... 5 fr.

Poudre des vins de Bordeaux et de la Gironde, pour clarifier les vins de Bordeaux ; le demi-kilo pour 30 à 35 barriques de 228 litres.. 5 fr.

Poudre des vins de Bourgogne, pour les clarifier, les conserver et les dépouiller ; le demi-kilo pour 30 à 35 pièces de 230 litres........... 5 fr.

Poudre des vins du Midi, pour les clarifier, les conserver et arrêter ou empêcher l'aigre ; le demi-kilo pour 50 hectolitres..................... 5 fr.

Poudre décolorante, pour décolorer et clarifier les vins blancs, kirschs et vinaigres ; le kilo pour 20 pièces........................... 5 fr.

Poudre-colle des vins blancs, pour les clarifier et les conserver ; le kilo pour 50 hectolitres.................................... 10 fr.

Poudre épurative pour enlever les goûts de terroir et autres, et permettre aux vins rouges ou blancs de prendre la sève et le bouquet de ceux avec lesquels on les coupe ; le demi-kilo pour 10 hectolitres................. 5 fr.

Poudre graduée, pour la clarification et la bonification des vins ; prix du demi-kilo... 5 fr.
No 1 ; clarifie tous les vins rouges ; no 2, les vins nouveaux ; no 3, guérit les vins gras ; no 4, ceux qui ont un goût de terroir ou de fût.

Poudre filtrante des distillateurs ; un demi-kilo suffit pour clarifier 50 hectolitres de liqueurs..................................... 5 fr.

Poudre Lebeuf, pour clarifier et bonifier les vins rouges et les vins blancs, les eaux-de-vie, etc. ; le demi-kilo pour 50 hectolitres.................. 3 fr.

Ranclo. Un flacon suffit pour vieillir un hectolitre d'eau-de-vie nouvelle de vin ou de marc, faire disparaître le goût du terroir ; prix du flacon... 5 fr.

Ranclo des vins rouges, donnant indistinctement à tous les vins le goût de vieux si recherché ; le demi-litre pour 230 litres............... 4 fr.

Rancio des vins blancs ou **Rancio d'Espagne,** pour donner aux vins blancs la sève des vins blancs vieux d'Espagne. Le flacon pour 2 hectolitres.. 3 fr.

Sève de Beaune, pour donner aux vins le goût et le bouquet des vins de la côte de Beaune; le flacon pour 230 litres..................... 3 fr.

Sève Chablis, pour imiter ces vins; le flacon pour 130 litres..... 2 fr.

Sève de Champagne, pour donner de la sève et du bouquet aux vins blancs les améliorer, vieillir, etc.; le flacon pour 230 litres .... 2 fr.

Sève de l'Hermitage, pour donner la sève et le bouquet exquis de ces vins aux vins bien constitués; la dose pour 228 litres................ 3 fr.

Sève de Médoc (dite Saint-Julien) pour donner du parfum aux vins augmenter leur bouquet; le flacon pour 230 litres................ 1 fr. 25

Sève de Piepoul, pour donner aux vins blancs de médiocres cépages (Terret-Bourret, etc.) la sève de Piepoul. Le flacon pour 2 hectolitres.. 2 fr.

Sève des vins blancs vieux, donne aux vins blancs ordinaires le bouquet et la sève des vins fins et vieux; le flacon pour 230 litres.......... 2 fr.

Sève de Sillery, donne aux vins blancs la sève des vins de Champagne. Indispensable pour la fabrication des vins mousseux ; le flacon pour 230 lit. 4 fr.

Sève du Midi ou des vins de Montagne, donne aux vins de plaine du Midi la sève des bons vins de montagne; le flacon pour 2 hectolitres.. 2 fr.

Sirop de raisin, préparé spécialement pour le dédoublage des 3/6 et le mouillage des eaux-de-vie; les 100 kilos net..................... 110 fr.

Teinte bordelaise, pour colorer, conserver les vins (1 litre colore autant que 20 litres de vin de Narbonne); l'hect. net..................... 130 fr.

Teinte raisin ou **couleur Gamet,** pour colorer les vins ordinaires (Un litre colore cent litres). Prix : l'hectolitre, net.................... 95 fr.

Vieillisseur des eaux-de-vie. Donne six à huit ans d'âge à tout cognac ou eau-de-vie de vin; le flacon pour 100 litres................ 5 fr.

Vieillisseur des vins, pour vieillir les vins. N° 1, pour les vins durs, secs, âpres, provenant de vendanges non mûres; n° 2, pour les vins qui n'ont que peu de verdeur ou qui ont une pointe d'aigre; n° 3, pour les vins tendres ou pour ceux qui proviennent de raisins bien mûrs; la dose pour deux hectolitres.. 3 fr

Vinaigre chimique, pour conserver sains tous les vins susceptibles de s'altérer par les voyages, soit en France, soit aux colonies. Le kilo pour 4 ou 5 pièces de 230 litres.................................... 10 fr.

OBSERVATIONS.

La manière d'employer les préparations est indiquée sur chaque paquet ou flacon.

On expédie aux frais du destinataire, soit contre remboursement, soit contre un mandat de poste ou une traite à vue sur une maison de banque de Paris, au choix.

Les demandes doivent être adressées *franco* à MM. Lebeuf et Cie, à Argenteuil, près Paris (Seine-et-Oise).

Préparations spéciales du commerce

Nous nous chargeons de la fabrication des préparations spéciales dont MM. les Négociants veulent conserver l'usage. Il suffit de nous envoyer les formules ; nous les appliquons en grand et à de bonnes conditions. MM. les Négociants sont ainsi débarrassés du souci de cette fabrication et ils ont des préparations bien supérieures.

Analyse et essai des vins, alcools et vinaigres

D'après les demandes qui nous été faites, nous nous chargeons de l'analyse et de l'essai des vins, alcools et vinaigres. Ces travaux sont faits au prix de 6 à 15 fr., selon le but qu'on se propose, soit 6 fr. pour la réponse à une ou deux questions, et 15 fr. pour cinq ou six. Envoyer *franco* les échantillons à Argenteuil, en indiquant d'une manière précise ce que l'on désire connaître, et en posant les questions nettement.

Pour deux questions, un demi-litre suffit ; pour cinq ou six, il faut un litre. — La dégustation se fait gratuitement, ainsi que la réponse.

Bonification des vins du Midi

Certains vins du Midi trouvent difficilement place dans le commerce ou dans la consommation, en raison de leur goût de terroir ou parce qu'ils fermentent constamment. D'après les expériences que nous avons faites depuis un an, nous sommes autorisés à recommander le traitement qui suit : — 1o Soutirer en décembre, pour éliminer la grosse lie et une partie du ferment ; 2o traiter avec la poudre épurative pour enlever le goût de terroir ; 3o coller avec la poudre des *vins du Midi*, trois jours après, pour éliminer le ferment (éviter la gélatine qui excite la fermentation, ainsi que le sang et les blancs d'œufs ; toutefois, on peut employer le blanc d'œuf desséché) ; 4o soutirer après clarification ; 5o coller et soutirer de nouveau ; 6o bouqueter avec l'un de nos bouquets ou sèves. Moyennant trente francs nous fournissons toutes les matières et indications nécessaires pour opérer sur dix hectolitres.

Clarification des vins

Depuis 1855, l'expérience a démontré que la *Poudre anglaise, la Poudre des vins de Bordeaux, de Bourgogne et du Midi,* sont les meilleurs agents de clarification, les plus prompts, les plus sûrs et les plus économiques. Ces poudres sont préférables aux blancs d'œufs, à la gélatine et autres substances clarifiantes : 1o Parce qu'elles font cinq à six fois moins de lie. — 2o Parce que la lie étant plus pesante, plus compacte et moins volumineuse, ne remonte jamais dans le vin. — 3o Parce que si une pièce collée et limpide est déplacée et que le vin soit troublé par le déplacement, il se clarifie de lui-même en 48 heures, sans qu'il soit besoin de le recoller. — 4o Parce qu'un kilo de poudre du prix de 10 fr. remplace 7 à 800 cents blancs d'œufs qui coûtent de 30 à 40 fr. et 5 kilos de gélatine. — 5o Parce qu'elles préviennent ou empêchent toutes les maladies du vin. — 6o Parce qu'elles conservent au vin toute sa force et sa couleur, tandis que les blancs d'œufs et les gélatines les plus réputées le décolorent et l'affaiblissent. — 7o Parce que de toutes les colles, aucune ne se prête mieux au collage du vin destiné aux expéditions. — 8o Parce que le vin collé avec ces poudres peut rester pendant six mois sur sa colle sans inconvénient. — Toutes ces qualités réunies ont motivé la récompense qui leur a été décernée à l'exposition de Saint-Dizier, et la préférence qui leur est accordée par tous ceux qui les ont employées concurremment avec la gélatine et les autres agents de clarification.

OUVRAGES DE M. LEBEUF PÈRE

Manuel complet de l'amélioration et de la fabrication des liquides, tels que vins, vins mousseux, bières, alcools, eaux-de-vie, liqueurs, kirschs, rhums, cidres, vinaigres, etc., contenant l'art d'imiter les vins et eaux-de-vie de tous les crus, de les couper, colorer ; la manière de les déguster, les meilleures formules pour la fabrication des liqueurs, sirops, vinaigres, etc., deuxième édition, revue, corrigée et augmentée de l'Art de fabriquer des vins artificiels ; 1 gros vol. in-18; 3 fr. *franco* par la poste.

Culture et traitement de la vigne, ou *Guide du vigneron et de l'amateur de treilles,* indiquant, mois par mois, les travaux à faire dans le vignoble et sur les treilles; la manière de planter, gouverner et cultiver la vigne d'après toutes les méthodes en usage en France, et de la guérir de ses maladies. 1 vol. in-18, avec 30 gravures dans le texte, 2 fr. 50 c., et 2 fr. 80 *franco* par la poste.

Calendrier des vins, instructions sur les travaux à exécuter, mois par mois, pour conserver, améliorer les vins vieux ou nouveaux et guérir ceux qui sont malades, à l'usage des propriétaires de vignes, des négociants en vins, gourmets, tonneliers, des garçons de cave ou de cellier, et des maîtres de chais. 1 volume in-18, 1 fr. 25 et 1 fr. 40 *franco* par la poste.

Les Asperges, les Fraises et les Figues, description des meilleures méthodes de culture, et (notamment celle d'Argenteuil qui est la plus rationnelle et la plus économique), pour les obtenir en abondance et presque sans frais, suivi du calendrier du cultivateur d'asperges, de fraisiers et de figuiers, indiquant, mois par mois, ce qu'il y a à faire dans les aspergeries, les fraisières et les figueries; 1 volume in-18, avec 5 figures gravées sur bois, intercalées dans le texte, seconde édition, 1 fr. 50 et 1 fr. 60 *franco* par la poste.

Révolution agricole, ou moyen de faire des bénéfices en exploitant les terres. 1 vol. grand in-18.. **3 fr.**

L'auteur démontre dans cet ouvrage que la grande culture a fait son temps, qu'elle est improductive et que les terres qui y sont consacrées ne produisent que 2 pour 100 d'intérêt, tandis que par la culture industrielle et commerciale qu'il décrit, elles peuvent produire jusqu'à 50 pour 100.

Cet ouvrage a fait sensation chez tous ceux qui s'intéressent à l'avenir de l'Agriculture en France.

TABLE DES MATIÈRES

Imprimerie L. TOINON et Cᵉ, à Saint-Germain.

RORET, LIBRAIRE ÉDITEUR

12, RUE HAUTEFEUILLE, A PARIS, 12

CATALOGUE SPECIAL

D'OUVRAGES

SUR

LA VITICULTURE, L'ŒNOLOGIE

ET LA FABRICATION

DES LIQUEURS ET BOISSONS DE TOUTES ESPÈCES

(Extrait de la Collection des MANUELS-RORET*)*

Manuel de la Culture et du Traitement de la Vigne, ou Guide du Vigneron et de l'Amateur de treilles, indiquant, *mois par mois*, les travaux à faire dans le vignoble et sur les treilles des jardins; la manière de planter, gouverner et dresser la vigne d'après toutes les méthodes en usage en France, et de la *guérir de ses maladies* par les moyens reconnus les plus efficaces, par M. V.-F. Lebeuf. 1 vol. orné de 32 figures.......... 2 fr. 50

Manuel du Chasselas, sa Culture à Fontainebleau, par un Vigneron des environs. 1 vol. orné de figures............................. 1 fr. 75

Manuel du Vigneron français, ou l'Art de cultiver la vigne, de faire et de gouverner les vins, eaux-de-vie et vinaigres; par MM. A. Thiébaut de Berneaud et F. Malepeyre. 1 gros vol. avec Atlas. Fig. noires........ 3 fr. 50
Fig. coloriées... 5 fr.

Manuel de l'Amélioration et Fabrication des Liquides, tels que vins, vins mousseux, alcools, eaux-de-vie, liqueurs, bières, cidres, vinaigres, etc.; contenant l'art d'imiter les vins de tous les crus, de les couper, de les colorer, de les désacidifier; la manière de les déguster, de les reconnaître et de les classer; l'Art de fabriquer les vins artificiels aux colonies; la fabrication

des vins de liqueurs, spiritueux, sirops, vinaigres, etc., par M. V.-F. Lebeuf.
1 vol.. 3 fr.

Calendrier des Vins, ou Instructions à exécuter *mois par mois*, pour
conserver, améliorer ou guérir les Vins. (*Ouvrage destiné aux garçons de cave
et de celliers, et aux maîtres de Chais, faisant suite à l'Amélioration des
Liquides*), par M. V.-F. Lebeuf. 1 joli vol.................... 1 fr. 25

Manuel du Sommelier, ou Instruction pratique sur la manière de soi-
gner les vins, contenant la dégustation, la clarification, le collage et la fermentation des vins, les moyens de prévenir leurs altérations et de les rétablir; la
manière de distinguer des vins purs, des vins mélangés, frelatés ou artificiels, etc.;
par MM. A. et C. E. Julien. 1 vol. orné de planches............. 3 fr.

**Manuel des Marchands de Vins, Débitants de Boissons et
Jaugeage**, contenant les soins à donner à la cave, suivi de toutes les lois et
ordonnances auxquelles les liquides sont assujettis; par MM. Laudier, F. Malepeyre et Vasserot. 1 gros vol............................... 3 fr. 50

Manuel du Négociant d'Eaux-de-vie, liquoriste, marchand de vins
et distillateur; contenant l'Essai des vins et alcools, le mouillage des alcools et
les tarifs d'octroi, par MM. Ravon et F. Malepeyre. 1 petit vol....... 75 c.

Manuel du Distillateur-Liquoriste, contenant l'Art de distiller le
vin et les meilleures formules pour fabriquer les liqueurs les plus répandues,
les parfums, substances colorantes, etc., par MM. Lebeau, Julia de Fontenelle
et F. Malepeyre. 1 gros vol.................................. 3 fr. 50

**Manuel de la Distillation de l'Eau-de-vie de Pommes de
terre et de Betteraves**, par MM. Hourier et Malepeyre. 1 volume avec
figures... 1 fr. 50

Manuel de la Fabrication des Vins de fruits, contenant l'Art
de faire le cidre, le poiré, les boissons rafraîchissantes, bières économiques,
vins de grains, de liqueurs, hydromels, etc., par MM. Accum, Gull. et Malepeyre. 1 vol... 1 fr. 80

Manuel du Fabricant de Cidre et Poiré, avec les moyens d'imiter
avec le suc de pomme ou de poire le vin de raisin, l'eau-de-vie et le vinaigre
de vin; par M. Dubief. 1 vol. orné de figures.................. 2 fr. 50

Manuel du Vinaigrier et Moutardier, contenant les meilleurs procédés pour la fabrication de tous les vinaigres et de la moutarde; par MM. Julia
de Fontenelle et Malepeyre. 1 vol. orné de planches............. 3 fr.

Manuel du Brasseur, ou l'Art de faire toutes sortes de bières, par
MM. Vergnaud et Malepeyre. 1 vol. orné de planches............. 3 fr.

Manuel du Limonadier, Glacier, Cafetier et de l'amateur de thés
et de cafés, par MM. Chaulard et Julia de Fontenelle. 1 volume orné de
figures... 2 fr. 50

Manuel du Fabricant d'Eaux et Boissons gazeuses, ou Description des méthodes et des appareils les plus usités depuis l'origine de cette
industrie, le bouchage des bouteilles et des siphons, la gazéification des vins,
bières, cidres, etc., par M. Rouget de Lisle, ingénieur civil. 1 joli vol. orné de
vignettes sur bois et de fig. sur acier........................ 3 fr. 50

Ouvrages étrangers à la Collection des Manuels-Roret.

Les Asperges, les Fraises et les Figues, ou Description des meilleures méthodes de culture, de la manière de les forcer pour avoir des primeurs et des fruits pendant l'hiver; suivi du Calendrier du cultivateur d'asperges, de fraisiers et de figuiers, indiquant, mois par mois, les travaux à faire dans les aspergeries, les fraisières et les figueries. 1 vol. in-18, avec 5 gravures sur bois, 1 fr. 50 c. *franco* par la poste.

Livre du Brasseur, par M. Deleschamps. 1 volume in-18 raisin.. 1 fr. 75

Livre du Vigneron et du Fabricant de Cidre, par M. Mauny de Mornay. 1 vol. in-18 raisin.............................. 1 fr. 75

Travail des Boissons; ce qui est permis ou défendu dans les manipulations des Vins, Alcools, Eaux-de-vie, Bières, Cidres, Vinaigres, Eaux gazeuse, Liqueurs, Sirops, etc., par M. V.-F. Lebeuf. 1 volume grand in-18 jésus.. 3 fr.

Imprimerie L. Toinon et C⁰, à Saint-Germain.